U0255505

洪泽湖水生经济生物图鉴

洪泽湖水生经济生物图鉴编写组　编

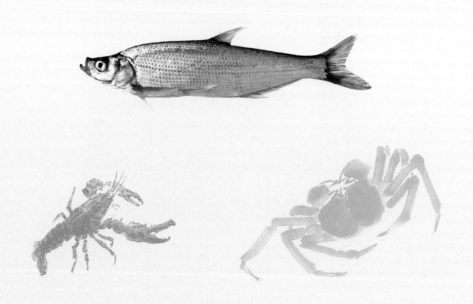

中国农业出版社

内容简介

　　洪泽湖，中国第四大淡水湖，水生生物多样性非常丰富，本书共收集了洪泽湖鱼类、底栖动物、水生植物、鸟类等水生经济生物136种，图片展示了其形态，文字介绍了其生物学分类、特征特性和在洪泽湖分布的一些概况。本书图像清晰、精美，内容简洁、具体，可以作为科普教材使用，也可供从业技术人员、科研人员和水生生物爱好者参考、收藏。

《洪泽湖水生经济生物图鉴》
编 写 组

名誉主编： 殷 强 王 欣

顾　　问： 张胜宇 刘艳玲 鲁长虎

主　　编： 刘 洪

副 主 编： 王兴元 周 明 杨士兵 叶剑锋

参编人员（以姓氏笔画为序）：

万 茜　马 飞　王正峰　王兴元　贝怀浪　方明明

叶剑锋　田亚文　朱永红　刘 洪　刘 洋　孙玉莲

严 淦　李 果　杨士兵　张正权　张必香　陆崇标

陈 辰　陈 祥　陈 涛　陈大雪　周 明　周步东

赵 玲　赵 晨　赵 静　赵明坤　赵萌萌　费香东

桂艾冰　袁兆军　袁顺堂　钱宝学　高 强　陶 鑫

章晋勇　谢汝仟

摄　　影： 张 哲 汤红尉 邵永清

绘　　图： 金高坤 裴安年

封面题字： 李大洋

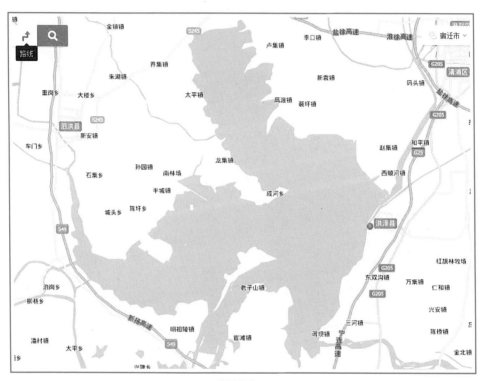

洪泽湖全图

1 | 2
—
3

湖畔春晓
晨曦初露
夏叶田田

<table>
<tr><td>1</td><td>2</td><td>围 捕</td></tr>
<tr><td>3</td><td>4</td><td>撒 网</td></tr>
<tr><td></td><td>5</td><td>休渔时节</td></tr>
</table>

1	2	围　捕
3	4	撒　网
5		休渔时节
		人勤鱼丰
		荷　花

$\dfrac{1}{2}$

洪泽湖蟹王蟹后
洪泽湖国际大闸蟹节

1
2

万人龙虾宴
盱眙县举办第十六届
龙虾节推介洪泽湖龙虾

1

2

泗洪国际垂钓赛
垂钓比赛现场

参编人员

第一排：李 果　赵萌萌　赵 玲　孙玉莲　朱永红　桂艾冰　田亚文　赵 静　万 茜

第二排：刘 洋　陈大雪　贝怀浪　刘 洪　王正峰　张正权　王兴元

第三排：杨士兵　赵明坤　严 淦　袁兆军　叶剑锋　钱宝学　周步东　马 飞　谢汝仟

第四排：费香东　袁顺堂　周 明　陈 祥　陶 鑫　赵 晨　张必香　方明明　高 强　陆崇标

主要编写人员：杨士兵　叶剑锋　刘 洪　张 哲　王兴元　周 明

　　洪泽湖是我国第四大淡水湖，水生生物资源十分丰富。据《洪泽湖志》记载：20世纪80年代，洪泽湖中拥有各种鱼类84种，底栖动物76种，水生高等植物81种，候鸟和留鸟200多种，是我国水生生物资源的天然宝库。

　　近年来，在经济社会的快速发展和城市化进程不断加快的同时，洪泽湖的生态环境也受到了不同程度的影响，围湖造田、非法采沙、滥捕乱猎、水体污染等导致湿地面积日趋缩小，生物资源趋于衰竭，鱼、虾、蟹、贝产量下降。据调查，1982年至今的34年间，仅洪泽湖原有鱼类资源已有10种以上没有捕获。

　　为充分展示洪泽湖现有水生生物资源的风采，警醒人们对洪泽湖生物资源衰竭的危机意识，唤起人们保护洪泽湖的责任感和使命感，江苏省洪泽县水产局刘洪研究员及其单位相关技术人员，进湖区、访渔民、走市场、问渔情，经过一年多艰苦细致的工作，收集整理了大量第一手资料，请教了多位行业内专家学者，编辑出版了《洪泽湖水生经济生物图鉴》一书。本书仅介绍了洪泽湖大量水生生物资源中采集拍摄到的130多种经济鱼类、底栖动物及重要的水生植物和国家二级以上保护鸟类，着重展示它们的美好形态，简要介绍其生物学特征特性和在洪泽湖分布的相关情况。该书的出版对促进洪泽湖的宣传推介，科学保护和合理开发具有十分重要的意义。本书图像精美，文字精炼，知识丰富，不仅是优秀的科普教材，同时也是一部值得典藏的画册。

有感于洪泽湖水生生物资源的多样性，有感于洪泽湖水资源的重要性，有感于基层技术和管理人员的使命感，作为长期从事水生生物学研究的一员，是为序。

中国科学院院士

　　洪泽湖地处江苏省西部淮河下游，苏北平原中部西侧，淮安、宿迁两市境内，地理位置在北纬33°06′～33°40′、东经118°10′～118°52′之间，为淮河中下游结合部。洪泽湖湖面辽阔、资源丰富，既是淮河流域大型水库、航运枢纽，又是农副产品的生产基地，历史上素有"日出斗金"的美誉。

　　为更好地宣传、保护洪泽湖，科学利用湖区水生生物资源，存留湖区人民的美好记忆，增强人们对"水中精灵"的浓厚兴趣，丰富人们对水生生物的认知度，提高人们水环境生态保护意识，我们本着科普、权威、典藏的理念，编辑、制作了《洪泽湖水生经济生物图鉴》一书，供大家鉴赏。

　　本书内容共分为三大部分：第一部分为水生经济动物，共收集了洪泽湖能够采集的现存脊椎动物62种，部分节肢动物、软体动物等21种；第二部分为水生植物，共收集了湖区主要优势水生植物28种；第三部分为鸟类，共收集了洪泽湖地区的优势鸟类及国家二级保护以上的候鸟和留鸟25种。在对三部分内容进行图片展示的同时配以文字，简要地介绍了所有生物的生物学分类、特征特性和分布洪泽湖地区的一些情况。此外，作为宣传，本图鉴还收录了部分洪泽湖的四季美景，以及30多幅反映湖区渔民生产生活的绘画作品。

本书所选用的图片和辑录的内容，绝大部分都是我们深入洪泽湖湖区采集、鉴定、拍摄、制作与编写的，其中部分引用了现有规范的权威文献。由于水生生物活体标本收集难度较大，加之我们水平有限，不足之处欢迎大家批评指正。

本图鉴编纂工作得到了中共洪泽县委、洪泽县人民政府的高度重视，得到了江苏省洪泽湖管理委员会的大力支持。中国科学院水生生物研究所、中国科学院武汉植物园、南京林业大学的专家教授也分别给予了热情指导，在此一并表示感谢！

谨以此书向洪泽县建县六十周年献礼！

编　者

2016年7月

目 录

第二部分 水生植物

第三部分 鸟 类

第一部分 水生动物

据《洪泽湖志》记载，洪泽湖1990年采集的鱼类有67种，分别属于9目16科50属，其中，鲤科鱼类41种，鳅科鱼类5种。主要经济鱼类有大银鱼、鲤鱼、鲫鱼、团头鲂等。洪泽湖底栖动物1989年调查有76种，分别属于环节动物3纲6科7属7种，软体动物2纲11科25属43种，节肢动物3纲22科25属25种，包括螃蟹、虾、螺蛳、水蛭等。

本书收录的是洪泽湖区目前能够采集到活体标本的水生动物，包括银鱼、鲤鱼、鲫鱼、螃蟹、虾、螺蛳、水蛭等83种。

一、鲚科

刀鲚（jì）

中文学名	刀 鲚	纲	硬骨鱼纲
拉丁学名	*Coilia ectenes* Jordan et Seal	目	鲱形目
别　称	刀鱼、毛花鱼、湖鲚	科	鲚科
界	动物界	属	鲚属
门	脊索动物门	种	刀鲚

　　刀鲚分为洄游性刀鲚和淡水定居型刀鲚，其中淡水定居型刀鲚又称为湖鲚（太湖地区又称之为陆封型群体"梅鲚"），终生生活于江河和湖泊中，与洄游性刀鲚在形态和生态方面略有差异。刀鲚是小型鱼类，但在同属中其个体最大，体较长，极扁薄，形似"篾刀"；尾部延长、渐尖细；头较大，吻短而圆突，上颌骨后伸至胸鳍基部，这是刀鲚与短颌鲚的区别之一；体被薄圆鳞，易脱落，头无鳞，胸腹部具棱鳞，纵列鳞74～83，无侧线；胸鳍前6根鳍条游离呈丝状，臀鳍基部极长，与尾鳍基相连；头、体背部青灰色，体侧银白色。每年5～7月，水温20～27℃时，在湖泊的缓流区产卵，卵粒具油球，受精后漂浮于水体上层孵化发育。幼鱼以浮游动物为食，成鱼食小型鱼、虾。分布于江苏沿海及与海相通的河流、湖泊。刀鲚富含脂肪，肉质细嫩鲜美。

　　洪泽湖地区渔民习惯称之为"毛刀鱼"，全湖均有分布，主要分布于成子湖及成子湖到周桥一带水域。

短颌鲚

中文学名	短颌鲚	纲	硬骨鱼纲
拉丁学名	*Coilia brachygnathus* Kreyenberg et Pappenheim	目	鲱形目
别　称	毛花鱼、毛刀鱼	科	鳀科
界	动物界	属	鲚属
门	脊索动物门	种	短颌鲚

　　短颌鲚即刀鲚不同的生态类群，属于淡水定居型刀鲚，内陆湖泊的刀鲚多为短颌鲚。体形长而侧扁，上颌骨后伸不超过鳃盖后缘，这是短颌鲚的显著特点之一。无侧线，纵列鳞68～77，胸腹部具棱鳞，胸鳍上部有6根游离的丝状鳍条，臀鳍基部极长，与尾鳍相连。短颌鲚栖息于湖泊中上层，食水生无脊椎动物。生殖季节在5月中旬到6月中旬。肉味鲜美，为大众喜食的鱼类，常被制成鱼干。

　　洪泽湖地区渔民将短颌鲚和刀鲚都统称为"毛刀鱼"，在洪泽湖中产量较高，主要分布于成子湖及成子湖到周桥一带水域。

二、银鱼科

大银鱼

中文学名	大银鱼	纲	硬骨鱼纲
拉丁学名	*Protosalanx hyalocranius* (Abbott)	目	鲑形目
别　称	银鱼、黄瓜鱼、黄瓜头	科	银鱼科
界	动物界	属	大银鱼属
门	脊索动物门	种	大银鱼

　　大银鱼体细长而透明，常见成鱼体长为15cm左右；身体较一般银鱼种类粗大，头部上下扁平，吻尖，略呈三角形，具有舌齿；吻为三角形，吻长为吻宽的1.1～1.2倍，下颌稍长于上颌；背鳍起点至尾鳍基部的距离大于至胸鳍基部的距离，背鳍位于臀鳍和腹鳍中间的上方；胸鳍有肌肉基，身体每个肌肉都具有一行黑色素，体背部及头背小，两侧腹面各有一行黑色色素点，性成熟时雄鱼臀鳍成扇形；基部有一列鳞片，胸鳍大而尖。大银鱼一般活动于水体上层，小型肉食凶猛性鱼类，主食小型鱼、虾。生殖季节为全年最寒冷的1～3月，水温在2～8℃，在江河、湖泊宽阔的水面产卵。广泛分布于渤海、黄海、东海沿岸，以及甬江、长江、淮河、白河、辽河等中下游及附属湖泊中。大银鱼是银鱼中个体最大者，在国内外市场上广受欢迎。

　　洪泽湖地区渔民习惯称之为"黄瓜头"，主要分布于敞水区，为洪泽湖主要特色捕捞品种。已建成洪泽湖银鱼水产种质资源保护区。

陈氏新银鱼

中文学名	陈氏新银鱼	纲	硬骨鱼纲
拉丁学名	*Neosalanx tangkehkeii*	目	鲑形目
别　称	小银鱼	科	银鱼科
界	动物界	属	新银鱼属
门	脊索动物门	种	陈氏新银鱼

　　陈氏新银鱼又名太湖新银鱼，体细长，近圆筒形，后段略侧扁，成鱼体长约12cm，体柔软无鳞。头部极扁平，眼大，口亦大，上下颌等长，吻钝短，呈三角形。背鳍2，11～13，略在体后3/4处；胸鳍8～9，肌肉基不显著；臀鳍3，23～28，与背鳍相对，雄鱼臀鳍基部两侧各有一行大鳞，一般为18～21个，脂鳍小，尾鳍叉形，脊椎骨50～53。体透明，死后体呈乳白色，体侧各有一排黑点，腹面自胸部起经腹部至臀鳍前有2行平行的小黑点，沿臀鳍基左右分开，后端合而为一，直达尾基，在尾鳍、胸鳍第1鳍条上也散布小黑点。陈氏新银鱼生活在水体中上层，以浮游动物枝角类、桡足类等为食。1冬龄亲鱼即能产卵，本种产卵分春季群和秋季群，春季群产卵时间一般在3～5月，秋季群产卵期为9月中、下旬至11月，在湖边水草丛生地区产卵，亲鱼生殖后不久死亡。主要分布于黄海沿岸、长江口、钱塘江口和长江以北水系及其附属湖泊。味鲜美，可冷冻或晒成鱼干。

　　洪泽湖地区渔民习惯称之为"小银鱼"，中广泛分布于洪泽湖敞水区。

三、合鳃鱼科

黄　鳝

中文学名	黄　鳝	纲	硬骨鱼纲
拉丁学名	*Monopterus albus* (Zuiew)	目	合鳃鱼目
别　称	鳝鱼、血鳝、长鱼	科	合鳃鱼科
界	动物界	属	黄鳝属
门	脊索动物门	种	黄　鳝

　　黄鳝体圆，细长，呈蛇形，尾尖细，头较大，头高大于体高，吻较长。鳃4个，前3个不发达，左、右鳃孔在腹面相连。唇发达，上、下颌有细齿。眼小，为皮膜覆盖。体无鳞呈黄褐色，无偶鳍，奇鳍退化仅留下不明显的皮褶，具有不规则黑色斑点，腹部灰白色。栖息于河道、湖泊、沟渠、塘堰及稻田中，能借口腔及喉腔的肉壁表皮辅助呼吸，可适应缺氧的水体。穴居，日间潜伏于洞穴中，夜间出穴觅食，肉食性，主要摄食昆虫幼虫、蝌蚪及小型鱼、虾。黄鳝具"性逆转"的特性，生殖季节在6～8月，第1次性成熟前均为雌性，产卵后，卵巢渐变成精巢，即转为雄性。分布于我国除西北高原外各淡水水域。黄鳝营养丰富，常作为滋补品，经济价值较高。

　　洪泽湖地区渔民习惯称之为"长鱼"，是淮扬菜"软兜长鱼""马鞍桥"等名品原料。主要分布在堤坝、河沟及滩洼处。

四、鱵鱼科

鱵（zhen）

中文学名	鱵	纲	硬骨鱼纲
拉丁学名	*Hemirhamphus kurumeus* Jordan et Starks	目	鳉形目
别　称	针鱼、麻婆鱼	科	鱵鱼科
界	动物界	属	鱵鱼属
门	脊索动物门	种	鱵

　　鱵是小型鱼类，体半透明、细长，稍侧扁，背腹缘微凸，尾部渐细。成鱼体长16～24㎝，头长，前端尖，顶部及两侧面平坦，腹面较狭；口小，眼较大，距上颌尖端和鳃盖后缘的距离相等，眼间隔宽而平坦；鼻孔大，位于眼的前上方。上颌尖锐，呈三角形的片状，中央微有线状隆起；下颌延长呈一扁平针状喙，牙细小，有3牙尖，在两颌排列成一狭带。鳃孔宽，鳃盖膜分离，不与颊部相连。鳞圆形，薄而易脱落，侧线很低，位于体两侧近腹缘；侧线鳞102～112；背鳍24～27，与臀鳍相对，其起点微在臀鳍前；臀鳍22～24，与背鳍同形，臀鳍基短于背鳍基；胸鳍短宽，腹鳍小，尾鳍分叉。体银白色，背面暗绿色，体背中央自后颈起有一淡黑色线条，体侧各有一银灰纵带，头部及上下颌皆呈黑色，胸鳍的基部及尾鳍有细微的黑色点。生活于湖泊水体的中上层，主食浮游生物，兼食昆虫等。6～7月产卵，分布于我国沿海和长江等各大河流中。具有一定药用价值。

　　洪泽湖地区渔民习惯称之为"麻婆鱼"，主要分布在敞水区。

五、鲤科

棒 花 鱼

中文学名	棒花鱼	纲	硬骨鱼纲
拉丁学名	*Abbottina rivularis* (Basilewsky)	目	鲤形目
别　称	爬虎鱼、沙锤、花鱼	科	鲤　科
界	动物界	属	棒花鱼属
门	脊索动物门	种	棒花鱼

　　棒花鱼是小型鱼类，体长且粗壮，稍侧扁，头较短；吻略长，前端圆钝，口小下位，唇厚，上唇的褶皱不显著，下唇侧叶光滑，呈马蹄形；眼小，侧上位，眼间宽平；鼻孔前方下陷；背鳍无硬棘，胸鳍圆钝，均较短，尾鳍分叉；侧线鳞35～39；肛门近腹鳍基部，体腹面胸鳍基部前方无鳞；头背部稍黑，体侧具一不明显的纵纹，其上有9～11个黑点斑块，背部也具8～11个黑色斑块，背鳍和尾鳍具有由黑色小点组成的斑纹，背部深黄褐色，至体侧逐渐转淡，腹部为淡黄色或乳白色，背部自背鳍起点至尾基有5个黑色大斑，在体侧有7～8个黑色大斑，在整个背部散布许多不规则的大小黑点，在背鳍、胸鳍及尾鳍上由小黑色斑点组成数行比较整齐的横纹，生殖期体色较深，雄鱼更为明显。生活在静水或流水的底层，主食无脊椎动物。1龄性成熟，4～5月繁殖，卵黏性。分布于我国各大水系。

　　洪泽湖中主要分布在老子山水域滩洼及湖西岸溧河洼口、临淮头、王沙、穆墩至半城一带浅滩。

彩石鲋（fu）

中文学名	彩石鲋	纲	硬骨鱼纲
拉丁学名	*Pseudoperilampus lighti* Wu	目	鲤形目
别　称	红眼鳑鲏	科	鲤科
界	动物界	属	鳑鲏属
门	脊索动物门	种	彩石鲋

　　彩石鲋属中华鳑鲏同种不同生态类群，体小且高，扁薄，卵圆形，口角无须，雌雄个体在鳃孔后上方均有1个蓝黑色大点，尾柄中部有一黑色纵带，向前延伸至背鳍中点正下方或超过背鳍起点。背鳍、臀鳍和腹鳍呈橘黄色，上下尾叶之间有一橘红色的纵纹。幼鱼和雌鱼的背鳍前部鳍条上有一黑色大斑点，雄鱼不明显；雄鱼臀鳍边缘黑色，体侧中部暗色纵纹从背鳍起点后下方延伸至尾鳍基，雄性宽于雌性，尾鳍基后部亦有1条黑带。下咽齿1行，齿面具锯纹。侧线不完全，仅在前面3～6枚鳞片上具侧线孔；纵列鳞31～34，侧线鳞3～6片。彩石鲋身体显得较肥厚，身体上部黄褐色，下半部及腹面浅黄色，眼球上方橘红色。彩石鲋以水生植物、浮游生物为食。5月产卵，卵长圆形，产于蚌的鳃瓣中。生殖期吻端具两丛白色珠星，色泽鲜艳，臀鳍边缘有镶得比雌鱼宽的明显黑边，在第5～6侧鳞处还有1条不太明显的浅绿色横斑。分布于中国各主要水系，具有一定的观赏价值。

　　洪泽湖地区渔民将彩石鲋与中华鳑鲏习惯称之为"小弹皮"，洪泽湖中主要分布在滩洼、河沟处。

中华鳑鲏

中文学名	中华鳑鲏	纲	硬骨鱼纲
拉丁学名	*Rhodeus sinensis* Günther	目	鲤形目
别　称	红眼鳑鲏、鳑鲏、红眼箍	科	鲤　科
界	动物界	属	鳑鲏属
门	脊索动物门	种	中华鳑鲏

　　中华鳑鲏与彩石鲋为同种不同生态类群，也有专家认为彩石鲋即为雄性中华鳑鲏。个体小，体侧扁，长卵圆形，头小，吻短钝，口小，前下位，口角无须；眼中大，眼径稍大于吻长，眼间隔圆突；下咽齿1行，齿面平滑；侧线不完全，仅在前面的3～7片鳞上具侧线孔；体侧银灰色，腹侧银白色，胸、腹部雌鱼浅黄色，雄鱼鲜黄色，体侧每鳞后缘黑色，体侧中部之银蓝色细纵纹自尾鳍基向前伸达背鳍基中部下方，此纹雄鱼宽于雌鱼；雌、雄鱼鳃孔后上方均具一明显银蓝色小斑点，其后约2鳞处具一垂直暗色云纹；背鳍前部2～4分枝鳍条近基部。雌鱼背鳍有黑斑，其余部分浅黄色；雄鱼无黑斑，大部分鳍条上缘橙红色，其余部分暗灰色。臀鳍黄色，胸鳍和腹鳍黄色。生殖季节雄鱼色彩异常鲜艳，吻部及眼眶周缘具珠星，雌鱼具长的产卵管。中华鳑鲏属底层鱼类，食藻类。1龄性成熟，繁殖期为5～6月，繁殖期具有领地意识，卵产于蚌的鳃瓣中。分布于全国各大水系。个体小，具一定观赏性。

　　洪泽湖地区渔民将中华鳑鲏与彩石鲋习惯称之为"小弹皮"，洪泽湖中分布在滩洼、河沟处。

鳘（can）

中文学名	鳘	纲	硬骨鱼纲
拉丁学名	*Hemiculter leucisculus* (Basilewaky)	目	鲤形目
别　称	白条、鳘鱼、鳘条	科	鲤　科
界	动物界	属	鳘　属
门	脊索动物门	种	鳘

　　鳘个体小，头略尖，侧扁，体长，扁薄，头长短于体高，体长为体高的3.8～4.7倍；口端位，上下颌等长；腹棱自胸鳍基部至肛门；体被中大圆鳞，薄而易脱落；侧线完全，在胸鳍上方向下急剧弯折，侧线鳞45～57；背鳍具有光滑的硬棘；体色青灰色，腹侧银色，尾鳍边缘灰黑色。鳘行动迅速，常成群游于浅水区上层，杂食性，主食无脊椎动物。一般1～2龄性成熟，5～7月产卵，产卵时有逆水跳滩习性，分批产卵黏附于水草或砾石上。分布于我国除青藏高原外的大部分水域，栖息在江河湖泊浅水处缓流或静水水体。鳘数量多，大多作为经济鱼蟹类动物蛋白来源。

　　洪泽湖地区渔民习惯称之为"鳘条"，分布在整个湖区水域，河口、闸口等区域较多。

贝氏鳌（can）

中文学名	贝氏鳌	纲	硬骨鱼纲
拉丁学名	*Hemiculter bleekeri bleekeri warpachowsky*	目	鲤形目
别 称	油鳌、白条、鳝子、圆头鳌	科	鲤科
界	动物界	属	鳌属
门	脊索动物门	种	贝氏鳌

　　贝氏鳌又名油鳌，体长，较厚，体长为体高的3.8～4.7倍。口端位，上下颌等长；腹棱自胸鳍基部直至肛门；鳃耙18～24，体被中大圆鳞，薄且易脱落；侧线完全，在胸鳍基部上徐缓向下弯折，侧线鳞40～48；背鳍3，7，具光滑硬棘；胸鳍长度一般短于头长，其末端不达腹鳍起点；臀鳍分枝鳍条11～19；体背侧灰绿色，体侧和腹部银白色，各鳍均呈浅灰色。贝氏鳌是小型鱼类，常在浅水区觅食，杂食性，主食水生昆虫和浮游动物。雌鱼体长8cm左右性成熟，5～6月产卵，卵为漂流性。产卵时亲鱼集群于流水表面溯游，并有跳跃现象。我国平原地区各大江河湖泊和池塘均有分布。个体小，但数量多。

　　洪泽湖分布于整个湖区水域，河口、闸口等区域较多。

草 鱼

中文学名	草 鱼	纲	硬骨鱼纲
拉丁学名	*Ctenopharyngodon idellus* (Cuvier Valenciennes)	目	鲤形目
别 称	草鲩、白鲩、草混子	科	鲤科
界	动物界	属	草鱼属
门	脊索动物门	种	草鱼

　　草鱼是大型经济鱼类，体长筒形，口端位，上颌较下颌稍突出，上颌延至后鼻孔下方。吻非常短、略钝，长度小于或者等于眼直径，眼眶后的长度超过一半的头长，无口须；下咽齿2行，侧扁，呈梳状，齿侧具横沟纹；鳃耙15～18；侧线鳞36～48；腹部无棱，头部平扁，尾部侧扁，背鳍和臀鳍均无硬刺，背鳍和腹鳍相对；体呈浅茶黄色，背部青灰，腹部灰白，胸、腹鳍略带灰黄，其他各鳍浅灰色。草鱼栖息于湖泊的中、下层，为草食性鱼类。3～4龄成熟，5～7月繁殖，产漂流性卵，生殖季节成熟亲鱼胸鳍条上出现珠星。草鱼广泛分布于我国除新疆和青藏高原以外的平原地区淡水水域。自1958年人工催产授精孵化成功后，已移殖至亚、欧、美、非各洲的许多国家。草鱼生长迅速，肉质佳，产量高，是我国著名的"四大家鱼"之一。

　　洪泽湖地区渔民习惯称之为"草混子"，主要分布在水草丰富的老子山、成子湖水域湖滩、河沟，为人工增殖放流品种。

赤眼鳟（zun）

中文学名	赤眼鳟	纲	硬骨鱼纲
拉丁学名	*Squaliobarbus curriculus* (Richardson)	目	鲤形目
别　称	红眼鱼、红眼棒、野草鱼、马郎	科	鲤科
界	动物界	属	赤眼鳟属
门	脊索动物门	种	赤眼鳟

　　赤眼鳟生长较慢，体长筒形，后部较扁，头锥形；吻钝，口端位，稍向上斜，口裂较宽，上颌具2对极短小的须；眼大，鳃耙短小，下咽齿3行；背鳍3，7～8，臀鳍3，7～8，尾鳍分叉；鳞大，侧线平直后延至尾柄中央；体银白，背部灰黑，体侧及背部各鳞片基部有一黑斑，形成纵列条纹，尾鳍深灰具黑色边缘，眼上缘有一红斑，故名赤眼、红眼鱼。赤眼鳟喜栖息于静水或缓流的中、下层，适应性强，善跳跃，易惊而致鳞片脱落受伤。赤眼鳟杂食性，藻类、有机碎屑、水草、水生昆虫等均可摄食。2龄鱼即可达性成熟，生殖季节一般在6～7月，卵浅绿色，沉性。全国各大水系均有分布。

　　洪泽湖地区渔民习惯称之为"马郎"，主要分布在成子湖、老子山水域滩洼及临淮头、王沙、穆墩至半城一带滩洼。

鳡（gan）

中文学名	鳡	纲	硬骨鱼纲
拉丁学名	*Elopichthys bambusa* (Richardson)	目	鲤形目
别　称	竿鱼、大口鳡、铜头鱼、黄尖	科	鲤　科
界	动物界	属	鳡　属
门	脊索动物门	种	鳡

　　鳡是大型凶猛肉食性鱼类，体修长，稍侧扁，身形如梭。腹部圆，无腹棱；头很尖呈锥形；吻部尖，坚如啄，吻长远超过吻宽；眼小，距吻端较至鳃盖后缘为近；口端位，口裂很大，可达眼前缘垂直线之下，下颌前端有一坚硬的骨质凸起，与上颌的凹陷相嵌合；鳞细小，侧线完全；背鳍起点位于腹鳍之后上方，尾鳍分叉很深；体色微黄，腹部银白，背鳍、尾鳍青灰色，颊及其他各鳍淡黄色。该鱼以各种鱼类为食，性成熟为3～4龄，成鱼于4～6月在江河激流中产卵，为漂浮性卵，吸水膨胀后要随水漂流完成发育。中国除西北、西南外，由北至南平原地区的河流中均有分布。该鱼生长迅速，肉味鲜美，为上品鱼类。

　　洪泽湖地区渔民称之为"黄尖"，分布于敞水区域，资源稀少，多见于闸口附近。

寡鳞飘鱼

中文学名	寡鳞飘鱼	纲	硬骨鱼纲
拉丁学名	*Pseudolaubuca engraulis* (Nichols)	目	鲤形目
别　称	蓝片子	科	鲤科
界	动物界	属	飘鱼属
门	脊索动物门	种	寡鳞飘鱼

　　寡鳞飘鱼是小型鱼类，体长形，侧扁，极薄，头背较平直；吻稍尖；体长为体高的4.1～5.2倍，为头长的3.9～5.0倍；口端位，口裂斜，口裂末端约伸达眼前缘下方；上、下颌等长，上颌中央具一缺刻，边缘稍波曲，下颌中央具一突起，与上颌缺刻相吻合；眼中大，位于头侧，眼后缘至吻端的距离大于眼后头长；眼间宽，隆起，眼间距大于眼径，为眼径的1.1～1.4倍；腹棱自胸鳍基部直达肛门，侧线在胸鳍上方缓慢下弯，侧线鳞46～55；背鳍无硬棘，位于腹鳍之后上方，臀鳍分枝鳍条17～21；体呈银色，鳍浅色。寡鳞飘鱼杂食，5～6月产漂流性卵，分布于珠江、九龙江、长江、黄河等水系。

　　洪泽湖中分布在滩洼、河沟、堤坝、闸口处。

洪泽湖水生经济生物图鉴

HONGZE HU SHUISHENG JINGJI SHENGWU TUJIAN

银 飘 鱼

中文学名	银飘鱼	纲	硬骨鱼纲
拉丁学名	*Pseudolaubuca sinensis* Bleeker	目	鲤形目
别　称	马连刀、蓝刀皮、薄餐、篾片餐	科	鲤科
界	动物界	属	飘鱼属
门	脊索动物门	种	银飘鱼

　　银飘鱼是小型鱼类，行动迅速，飘忽不定，故有"飘鱼"之称。体极扁薄，体背部轮廓平直，体长为体高的4.1～5.2倍；口端位，口裂斜，后端达眼前缘下方，上、下颌等长，眼大，体鳞较小；背鳍短小，无硬棘，最长鳍条约为头长之半，臀鳍基部长；尾鳍深叉，下叶稍长于上叶；侧线在胸鳍上方急剧向下弯曲，形成一明显角度，延展于身体纵轴下方与腹部平行，至尾柄处再向上弯而转入尾柄中央；腹棱自颊部直至肛门，鳃耙12～16，侧线鳞62～74，这也是与寡鳞飘鱼的区别所在。背鳍短小无棘，位于腹鳍之后上方，臀鳍分枝鳍条21～26。体背青灰色，腹部银白色，背鳍、臀鳍和尾鳍为灰黑色，胸鳍、腹鳍淡黄色。银飘鱼喜集群于浅水区的水面游动，杂食性。产卵期在5～6月，繁殖力强。分布极广，我国辽河、长江、钱塘江、闽江、珠江等水系均有分布。

　　洪泽湖中分布在滩洼、河沟、堤坝、闸口处。

黑鳍鳈（quan）

中文学名	黑鳍鳈	纲	硬骨鱼纲
拉丁学名	*Sarcocheilichthys nigripinnis nigripinnis* (Günther)	目	鲤形目
别　称	花腰、花玉穗	科	鲤　科
界	动物界	属	鳈　属
门	脊索动物门	种	黑鳍鳈

　　黑鳍鳈为小型鱼类，体长，略侧扁，尾柄稍短，腹部圆。头较小，头长略小于体高；口小，弧形，下位，下颌角质层薄，下唇侧叶前伸几达下颌前缘，无须；眼小，位于头侧上方，位略前，眼后头长远大于吻长，眼间较宽，稍隆起；侧线鳞37～40；背鳍起点距吻端较距尾鳍基部为近；体长为体高的3.5～4.2倍，为头长的4.0～4.6倍，为尾柄长的5.0～5.8倍；肛门位于腹鳍与臀鳍之间；体侧有不规则黑斑，鳃盖后缘及颊部橘红色，鳃孔后缘有一浓黑色横条斑，背鳍和尾鳍灰黑色，其他鳍亦黑色，腹部白色，略透明。生殖期间雄鱼体色鲜艳，一般呈浓黑色，颊部、颌部及胸鳍基部处为橙红色，尾鳍呈黄色，吻部具有多数白色珠星。雌体产卵管延长，体色不及雄鱼鲜艳。喜食底栖无脊椎动物和水生昆虫，亦食少量贝壳类、藻类及植物碎屑。一龄鱼即可达性成熟，产卵期3～5月。珠江、闽江、钱塘江、长江、黄河及海南、台湾诸水系均有分布。

　　洪泽湖中分布在滩洼、河沟等处。

华鳈

中文学名	华鳈	纲	硬骨鱼纲
拉丁学名	*Sarcocheilichthys sinensis sinensis* Bleeker	目	鲤形目
别　称	花石鲫、山鲤子	科	鲤科
界	动物界	属	鳈属
门	脊索动物门	种	华鳈

　　华鳈为小型鱼类，体粗短，侧扁。头后背部隆起，腹部圆口小，呈马蹄形，口的宽度稍大于长度，唇稍厚，下唇限于口角处，唇后沟中断；眼间稍宽，头长为眼间距的2.0～2.4倍；下颌前缘具发达的角质，须1对，细小；侧线完全，且平直，侧线鳞40～41；背鳍棘略细，围尾柄鳞16；体灰黑带棕色，背部色深，体侧较浅，腹部灰白色，体侧有4条垂直的宽黑斑；幼鱼比成鱼的斑纹明显，颜色较深，各鳍均呈灰黑色，其边缘均为黄白色。华鳈多栖息于水流缓慢的水体中、下层，用下颌刮食底栖无脊椎动物、藻类及植物碎屑。华鳈生殖季节雄鱼头部出现珠星，体色浓黑，雌鱼具短的产卵管，1龄鱼可达性成熟，产卵期在5～6月，卵黏性。除西北高原的部分地区外，几乎遍布中国各主要水系。现已经开展人工繁殖、养殖。

　　洪泽湖中主要分布在滩洼、河沟处，以及老子山及湖西岸一带水域。

花鳎（hua）

中文学名	花　鳎	纲	硬骨鱼纲
拉丁学名	*Hemibarbus maculatus* Bleeker	目	鲤形目
别　称	麻吉、吉花鱼	科	鲤科
界	动物界	属	鳎属
门	脊索动物门	种	花鳎

　　花鳎体延长，略侧扁，体被中小圆鳞，腹部圆，无腹鳞。头中大，头长小于体高，为眼径的4.5倍；吻稍尖突，吻长小于或等于眼后头长；口中大，下位，口裂呈马蹄形，后端伸达鼻孔前缘下方；唇薄，下唇两侧叶狭窄，颏部中央有一小三角形突起，唇后沟中断；口角须1对，其长度略小于眼径；眼较大，上侧位，眼间隔宽，略隆起；侧线完全，较平直；侧线鳞40～50；背鳍起点处稍隆起，背鳍具光滑的棘，棘小于或等于头长；体侧有7～11块大黑斑，体银灰色，背部色较深，腹部白色，沿侧线上方有一纵列9～12个黑斑；背鳍边缘略黑色，具少量斑点，尾鳍具4～5行黑色点纹。为江湖中常见的中、下层鱼类，以水生昆虫的幼虫为主要食物。生殖季节在4～5月，分批产卵，卵黏性，附着于水草上发育。除新疆、青藏高原外，全国各水系均有分布。该鱼肉质细嫩、鲜美。

　　洪泽湖渔民习惯称之为"麻鲫鱼"，主要分布在滩洼、湖沟处，如老子山水域、蒋坝水域、湖西岸一带滩洼。

黄尾鲴（gu）

中文学名	黄尾鲴	纲	硬骨鱼纲
拉丁学名	*Xenocypris davidi* Bleeker	目	鲤形目
别　称	黄尾、黄片、黄姑子、黄尾刁	科	鲤　科
界	动物界	属	鲴　属
门	脊索动物门	种	黄尾鲴

　　黄尾鲴体长稍扁，头小且尖，吻端圆突；口小，近下位，呈一横裂，下颌具角质边缘；眼较大，侧上位，眼后头长大于吻长；鼻孔位于眼的前上部，至吻端与至眼前缘的距离约相等；鳞中大，侧线完全，在胸鳍上方略下弯，向后伸入尾柄中央，侧线鳞63～68；体长为体高的3.3～3.7倍；背鳍棘光滑，背鳍起点约与腹鳍起点相对或稍前，至吻端的距离小于至尾鳍基的距离；胸鳍末端尖，后伸不达腹鳍起点，腹鳍末端不达肛门，其基部有1～2片长形腋鳞；腹部无腹棱或在肛门前有短的腹棱，臀鳍末端不达尾鳍基部，尾鳍叉形；背侧灰色，腹部白色，鳃盖后缘有一条浅黄色斑块，尾鳍黄色。本种和银鲴较相似，主要区别为本种体相对高、厚，鳞片数较多，新鲜时尾鳍黄色，分布范围也较银鲴狭。黄尾鲴生活在水体的中、下层，以下颌角质边缘刮食底层着生藻类、腐殖质和高等植物碎屑。2龄性成熟，4～6月产卵，生殖季节亲鱼群集溯游到浅滩处产卵，卵黏性，分布于我国珠江、长江、黄河等东部沿海各水系。

　　洪泽湖中主要分布在敞水区、闸口。

细鳞鲴（gu）

中文学名	细鳞鲴	纲	硬骨鱼纲
拉丁学名	*Xenocypris microlepis* Bleeker	目	鲤形目
别　称	沙姑子、黄片、细鳞斜颌鲴	科	鲤　科
界	动物界	属	鲴　属
门	脊索动物门	种	细鳞鲴

　　细鳞鲴体形侧扁，体长而略高，腹部稍圆。头小而尖，呈锥形。吻钝，口小，下位，略呈弧形，下颌有较发达的角质边缘；下咽齿3行，鳃耙39～48，侧线鳞74～84。背鳍棘光滑，分枝鳍条7～8；臀鳍分枝鳍条8～12。自腹鳍基部至肛门间有明显的腹鳞，鳞片较小，排列很密。体背部及体侧上部灰黑色，腹部白色，鳃盖后边缘有明显的橘黄色斑块，臀鳍淡蓝色，尾鳍橘黄色，其他各鳍浅黄色。细鳞鲴以藻类及水生植物碎屑为食，生长较快，在鲴类中个体最大。一般2龄可达性成熟，繁殖力强，4～6月产卵，集群溯河至水流湍急的砾沙滩产卵，卵黏性。分布于我国珠江、长江、黄河、黑龙江及东南沿海各水系。现已成为一个新的养殖对象，是"以鱼净水"主要品种之一。

　　洪泽湖中主要分布在闸口、敞水区。为人工增殖放流品种。

鲫

中文学名	鲫	纲	硬骨鱼纲
拉丁学名	*Carassius auratus auratus* (Linnaeus)	目	鲤形目
别　称	喜头、鲫拐子、月鲫仔、鲫克头子	科	鲤　科
界	动物界	属	鲫　属
门	脊索动物门	种	鲫

　　鲫为中小型鱼类，体延长，侧扁而高，腹部圆，无腹鳞，尾柄短而高。头小，吻圆钝，口小，端位，斜裂，两颌约等长，无须。眼较小，眼间隔宽而隆起。鳃孔大，鳃盖膜与颊部相连。体被中大圆鳞，侧线完全，平直或微弯。背鳍基部较短，背鳍、臀鳍具粗壮的、带锯齿的硬棘。侧线鳞28～30。体银灰色，背部深灰色，腹部灰白色，各鳍灰色，体色因栖息环境不同而异。鲫杂食性，食浮游生物、底栖动物及水草等。繁殖力强，成熟早，4～6月在浅水湖汊或河湾的水草丛生地带分批产卵，卵黏附于水草或其他物体上。鲫鱼在我国除青藏高原外各地水域皆产。鲫肉质细嫩、味鲜美，为广大群众喜食的鱼类，亦为我国主要养殖品种之一。

　　洪泽湖地区习惯称之为"巢鱼"，主要分布在滩洼、河沟等处，产量较大。

鲤

中文学名	鲤	纲	硬骨鱼纲
拉丁学名	*Cyprinus (Cyprinus) carpio* Linnaeus	目	鲤形目
别　称	鲤拐子、鲇子，花鱼	科	鲤科
界	动物界	属	鲤属
门	脊索动物门	种	鲤

　　鲤个体大，体长，略侧扁，背部隆起，腹部圆，无腹鳞。头中大，侧扁；吻长而钝，吻长约为眼径的2倍；口端位，马蹄形，须2对，后对为前对的2倍长；背鳍、臀鳍均具有粗壮的、带锯齿的硬棘，背鳍基部较长，背鳍起点在腹鳍起点之前；尾柄高大于或等于眼后头长，背鳍基底长度大于体长的1/3；侧线鳞33～35，体长为体高3.0～3.5倍，为头长的3.3～3.8倍，头长为吻长2.5～3.0倍。身体背部暗黑色，体侧暗黄色，腹面黄白色，尾鳍及侧线下方近橘黄色，其余各鳍黄色。鲤多栖息于底质松软、水草丛生的水体底层，是以食底栖动物为主的杂食性鱼类。清明前后在河湾或湖汊水草丛生的地方繁殖，分批产卵，卵黏附于水草上发育。鲤适应性强，能耐寒、耐碱、耐缺氧，生长较快，为广布性鱼类，是淡水鱼中总产量最高的品种之一。

　　洪泽湖地区渔民习惯称之为"鲤鱼拐子"，主要分布在近岸、滩洼、河沟处。

鲢

中文学名	鲢	纲	硬骨鱼纲
拉丁学名	*Hypophthalmichthys molitrix* (Cuvier et Valenciennes)	目	鲤形目
别　称	白鲢、鲢子、扁鱼、白鲢	科	鲤科
界	动物界	属	鲢属
门	脊索动物门	种	鲢

　　鲢生长快，体侧扁，背部圆，腹部窄。头大，但远不及鳙；吻钝圆，口宽，口端位，下颌向上倾斜；眼小，位置偏低，眼位于头侧下半部，眼间距宽；无须；鳃耙特化，彼此联合成多孔的膜质片，有螺旋形的鳃上器；鳞细小；胸鳍末端不达腹鳍基部，腹部狭窄，自喉部至肛门有发达的腹棱，侧线鳞101～110；体银白色，头、背部色较暗，各鳍灰白色，背鳍和尾鳍边缘黑色。鲢活动于水的中、上层，性活泼，遇惊后即跳跃出水，属于典型的滤食性鱼类，终生以浮游生物为食。一般3kg以上的雌鱼便可达到性成熟，每年5～6月产卵，卵漂浮性。广泛分布于亚洲东部，在我国各大水系均可见，是我国著名的"四大家鱼"之一，也是"以鱼净水"的重要品种之一。

　　洪泽湖地区渔民习惯称之为"白鲢"，洪泽湖中分布在整个水域，为人工增殖放流品种。

麦 穗 鱼

中文学名	麦穗鱼	纲	硬骨鱼纲
拉丁学名	*Pseudorasbora parva* (Temminck et Schlegel)	目	鲤形目
别　称	罗汉鱼、麻嫩子	科	鲤　科
界	动物界	属	麦穗鱼属
门	脊索动物门	种	麦穗鱼

洪泽湖水生经济生物图鉴

HONGZE HU SHUISHENG JINGJI SHENGWU TUJIAN

　　麦穗鱼为小型鱼类，体长，稍侧扁，腹部圆，无腹鳞，体长为体高的4倍以下。头尖且小，略平扁；口上位，口裂几近垂直，唇薄，无须，吻短，稍平扁，下颌突出，较上颌为长；眼较大，位于头侧中上位，眼间隔宽平；体被较大圆鳞，侧线完全，较平直，侧线鳞33～45，背鳍无硬棘；体背侧黑灰色，腹侧银白色，体侧中央自吻端至尾基具一黑色条纹，背鳍具一条黑色斜带；生殖时期雄鱼体色深黑，吻部、颊部出现白色珠星，雌鱼体色浅淡，产卵管稍突出。麦穗鱼杂食，主食浮游动物。产卵期4～6月，卵圆形，具黏性，成串地黏附于石片、蚌壳等物体上，孵化期雄鱼有守卵的习性。分布于全国各主要水系。

　　洪泽湖地区渔民习惯称之为"小罗汉"，主要分布在滩洼、湖湾、河沟等处。

蒙古鲌（bo）

中文学名	蒙古鲌	纲	硬骨鱼纲
拉丁学名	*Culter mongolicus* (Basilewsky)	目	鲤形目
别 称	蒙古红鲌、红梢子、红尾巴、朱红	科	鲤 科
界	动物界	属	鲌 属
门	脊索动物门	种	蒙古鲌

　　蒙古鲌为中型鱼类，体延长，侧扁，头后背部略隆起，腹部圆，体高为体长3.3～5.1倍。头稍尖，口裂稍斜，端位；头部及体背部渐向上倾斜；尾柄较短，体长为尾柄长的7.4～9.5倍；体被小圆鳞，侧线完全，稍下弯，后部行于尾部中央，侧线鳞73～79，腹棱自腹基部至肛门，背鳍具光滑硬棘；体背侧浅褐色，腹部银白色，背鳍灰褐色，其余各鳍淡黄色。尾鳍上叶淡橘黄色，下叶鲜红色，这是区别于其他鲌鱼的显著特点。蒙古鲌生活于水流缓慢的湖湾、湖泊中、上层水体，性凶猛，捕食小鱼和虾。生殖季节雄鱼头部及胸鳍布有珠星，所以又叫红珠或朱红。5～7月在流水中产卵，卵黏附在石块或其他物体上。全国各主要水系均有分布。

　　洪泽湖地区渔民习惯称之为"朱红"，分布在整个湖区水域。

翘嘴鲌

中文学名	翘嘴鲌	纲	硬骨鱼纲
拉丁学名	*Culter alburnus* Basilewsky	目	鲤形目
别　称	翘嘴红鲌、翘壳、翘嘴鲹	科	鲤科
界	动物界	属	鲌属
门	脊索动物门	种	翘嘴鲌

洪泽湖水生经济生物图鉴

HONGZE HU SHUISHENG JINGJI SHENGWU TUJIAN

　　翘嘴鲌体型较大，体侧扁，体长为体高3.3～5.1倍，头背面平直，头后背部隆起。口大，上位，下颌坚厚，上翘，竖于口前，口裂几乎成垂直，俗称"平背翘嘴"，这是区别于其他鲌鱼的显著特点。眼大，位于头的侧下方，眼径小于眼间隔；鳞小，侧线明显，前部略向上弯，后部横贯体侧中部略下方；侧线鳞80～92，腹棱自腹基部至肛门，鳃耙20；背鳍具3枚强大而光滑的硬棘，7枚分枝鳍条，臀鳍条3，21～25，尾鳍分叉深；体背略呈青灰色，两侧银白，各鳍灰黑色，尾巴红色是区别于青梢鲌的显著特征之一。翘嘴鲌生活在敞水区的中、上层，生长迅速，善跳跃，性凶猛，捕食其他鱼类。雌鱼3龄达性成熟，雄鱼二龄即达性成熟。6～7月产卵，产卵场多在近岸水区，卵黏附在水生植物的茎、叶上。广泛分布于长江流域各水系及附属湖泊。是我国鳊鲌亚种中最大的品种，经济价值较高。

　　洪泽湖地区渔民习惯称之为"翘嘴鲹"，分布在整个湖区水域，老子山、周桥等水域较多。

达 氏 鲌

中文学名	达氏鲌	纲	硬骨鱼纲
拉丁学名	*Culter dabryi*	目	鲤形目
别　称	青梢红鲌、青梢子、青鳘	科	鲤　科
界	动物界	属	红鲌属
门	脊索动物门	种	达氏鲌

　　达氏鲌又名青梢红鲌，个体不大，头后背部稍隆起，头略大，背面稍平直。头长为吻长3.3～4.1倍，为眼径的4～5.8倍；口亚上位，下颌突出于上颌的前方，口斜裂，吻长小于眼间距，俗称"高背小嘴"。侧线鳞64～71，腹棱自腹基部至肛门，胸鳍末端达到或超过腹鳍起点，臀鳍条3,23～28；体侧上半部深灰色，腹部银灰色，尾鳍灰黑色，尾梢呈青色。青梢红鲌为中、上层鱼类，肉食性，栖息于湖泊内水草丛生的浅湖湾中，幼鱼以浮游动物为主要食料，成鱼主要食虾和小鱼，亦食少量的水生昆虫和甲壳类。1冬龄鱼即达性成熟，生殖期在5～7月，产卵场多位于水草丛生的湖汊或河湾中，卵具黏性，产出后黏附在水草上发育。分布于全国各主要水系，湖泊、水库均产。

　　洪泽湖中主要分布在老子山、高良涧水域的滩洼、河沟处。

似　鳊

洪泽湖水生经济生物图鉴

HONGZE HU SHUISHENG JINGJI SHENGWU TUJIAN

中文学名	似　鳊	纲	硬骨鱼纲
拉丁学名	*Pseudobrama simoni* (Bleeker)	目	鲤形目
别　称	刺鳊、扁脖子、逆鱼	科	鲤科
界	动物界	属	似鳊属
门	脊索动物门	种	似　鳊

　　似鳊又名逆鱼，是小型鱼类，身体中等长，体侧扁，被较大圆鳞，头短，吻钝，眼大、侧位。吻长等于眼径，口小、下位、横裂，下颌角质边缘不发达，下咽齿1行，眼径与吻长相等；侧线完全，侧线鳞41～50；背鳍条3，7，第3根不分枝鳍条为光滑的硬棘，其长度等于或稍大于头长，自腹鳍基部至肛门有明显的腹棱，肛门贴近臀鳍，尾鳍分叉；体色背侧灰褐色，下侧及腹部银白色，背鳍、臀鳍、尾鳍浅灰色，胸鳍、腹鳍浅黄色。似鳊喜群集逆水溯游，以藻类为主要食物。5～6月产卵，卵漂流性，产于急流溪河中。分布于长江水系。

　　洪泽湖中主要分布在敞水区、闸口、堤坝处。

青　鱼

中文学名	青　鱼	纲	硬骨鱼纲
拉丁学名	*Mylopharyngodon piceus* (Richardson)	目	鲤形目
别　称	青鲩、螺蛳青、青混子	科	鲤　科
界	动物界	属	青鱼属
门	脊索动物门	种	青鱼

　　青鱼为大型经济鱼类，体长筒形，腹部圆，无腹鳞，头中大，稍侧扁。口端位，上颌稍突出，眼中大，中侧位，眼间隔约为眼径的3.5倍；吻较尖，无口须，下咽齿1行，臼齿状；体被中大圆鳞，侧线完全，广弧形下弯，后部行于尾柄中央，鳃耙短小，15～21，侧线鳞39～46；背鳍短，无硬棘，起点与腹鳍起点相对或稍向前；臀鳍3，8～9；体背青灰色或蓝黑色，腹部青灰色，各鳍均为灰黑色。青鱼栖息于湖泊的下层，主食软体动物，生长迅速。青鱼4～5龄性成熟，繁殖期5～7月，在江河中产漂浮性卵，生殖季节雄鱼头部具白色颗粒状珠星，胸鳍上有呈带状的密集珠星，在洪泽湖中不能自然繁殖。除青藏高原外，全国大部分水域均有分布。我国著名的"四大家鱼"之一。

　　洪泽湖地区渔民习惯称之为"螺蛳混"、"青混"，主要分布在成子湖、老子山水域滩洼及湖西岸漂河洼口、临淮头、王沙、穆墩至半城一带滩洼。为人工增殖放流品种。

三 角 鲂

中文学名	三角鲂	纲	硬骨鱼纲
拉丁学名	*Megalobrama terminalis* (Richardson)	目	鲤形目
别　称	三角鳊、乌鳊	科	鲤　科
界	动物界	属	鲂　属
门	脊索动物门	种	三角鲂

　　三角鲂因顶鳍高耸、头尖尾长，从侧面看近似三角形而得名。体高，头短，侧扁，呈菱形。吻短而圆钝，吻长等于或大于眼径；口小，端位，口裂稍斜，上、下颌约等长，边缘具角质；眼较大，位于头侧，眼间宽而圆凸；体长为体高的2.3～3.1倍，为头长的4.2～5.1倍，头长为吻长的2.3～3.9倍；鳞中大，背、腹部鳞较体侧鳞为小；腹部圆，腹棱自腹鳍至肛门；背鳍硬棘较长，尾柄宽短；体背青灰色，体侧和腹部银白色，各鳍呈灰白色并镶有黑色边缘。三角鲂杂食，主食水生植物和淡水壳菜。生殖季节4～6月，在江河流水中产卵，卵黏附于砾石上。为中国特有鱼类，分布于中国海南、广东、广西部分水域和长江中下游、黄河、黑龙江、松花江、乌苏里江、嫩江以及兴凯湖、镜泊湖等水域。 三角鲂富含脂肪，肉味鲜美、嫩滑，骨刺比较少，为淡水鱼类中的珍品。

　　洪泽湖中主要分布在成子湖、老子山水域滩洼及湖西岸溧河洼口、临淮头、王沙、穆墩至半城一带滩洼。

团 头 鲂

中文学名	团头鲂	纲	硬骨鱼纲
拉丁学名	*Megalobrama amblycephala* Yih	目	鲤形目
别　称	鳊鱼、长身鳊、草鳊、油鳊、雀鳊、武昌鱼	科	鲤　科
界	动物界	属	鲂　属
门	脊索动物门	种	团头鲂

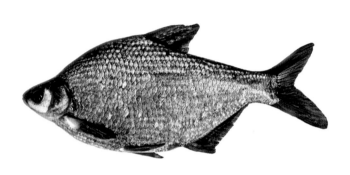

团头鲂为中型鱼类，体高，侧扁，呈菱形。头小，背部较厚，自头后至背鳍起点呈圆弧形，腹部自腹鳍起点至肛门具腹棱，尾柄宽短。体长为体高的2.3～2.9倍，为头长的4.6～5.3倍。口端位，上、下颌角质较薄，侧线直，侧线鳞52～60；背鳍条3，7，最后不分枝鳍条为硬棘，较短，其长度不及头长；臀鳍3，24～32；雄鱼第1根胸鳍条肥厚，略呈波浪形弯曲；体背呈青灰色，体侧和腹部银白色，各鳍呈灰白色并镶有黑色边缘。团头鲂通常在湖泊水草丛生的区域栖息，属中、下层鱼类，草食性，生长较快。2～3龄性成熟，5～8月为产卵期，需一定的水流条件，分批产卵，漂浮性卵。我国特有种类，仅分布于长江中下游附属湖泊。为重要养殖品种。

洪泽湖中主要分布在河沟、成子湖、老子山水域滩洼及湖西岸溧河洼口、临淮头、王沙、穆墩至半城一带滩洼。

蛇鮈（ju）

中文学名	蛇 鮈	纲	硬骨鱼纲
拉丁学名	*Saurogobio dabryi* Bleeker	目	鲤形目
别 称	船钉子、白杨鱼、条丁	科	鲤 科
界	动物界	属	蛇鮈属
门	脊索动物门	种	蛇 鮈

　　蛇鮈为小型鱼类，体细长，略呈圆筒形，背部稍隆起，腹部略平坦，尾柄稍侧扁，头较长，吻部在鼻孔前下凹，吻长大于眼后头长。眼较大，位于头侧上方，口下位，马蹄形，上、下颌无角质缘，唇发达，具显著小乳突，下唇后缘游离，须1对，位于口角；侧线完整且平直，侧线鳞47～49，鳃耙9～14，胸部裸露，背鳍无硬棘；体背部及体侧上半部灰绿色，腹部银白色，体上半部鳞边缘黑色，体侧沿侧线上方具1条浅黑色纵带，其上有9～11个黑斑，胸鳍、腹鳍及鳃盖边缘为黄色，背鳍、臀鳍及尾鳍为灰白色。蛇鮈栖息于江河、湖泊中的中、下层，喜生活于缓水沙底处，一般在夏季进入大湖肥育，主要摄食水生昆虫或桡足类生物，同时也吃少量水草或藻类。繁殖期4～6月，产漂流、微黏性卵。分布极广，从黑龙江向南直至珠江各水系均产此鱼。

　　洪泽湖地区渔民习惯称之为"条丁鱼"，主要分布在老子山水域、蒋坝水域及湖西岸一带浅滩、沟洼处。

洪泽湖水生经济生物图鉴

HONGZE HU SHUISHENG JINGJI SHENGWU TUJIAN

似刺鳊鮈

中文学名	似刺鳊鮈	纲	硬骨鱼纲
拉丁学名	*Paracanthobrama guichenoti* Bleeker	目	鲤形目
别　称	金鳍鲤、罗红、石鲫、红麻季	科	鲤　科
界	动物界	属	似刺鳊鮈属
门	脊索动物门	种	似刺鳊鮈

　　似刺鳊鮈是中型鱼类，体侧扁，腹部圆。体较高，体高显著大于头长，吻长小于眼后头长，头后背部明显隆起，以背鳍起点最显著，向后至尾柄部逐渐降低。头小，其长远小于体高；吻部短，稍尖，吻长显著小于眼后头长，常为眼后头长的1/2，口须1对，口下位，呈弧形或马蹄形，上唇厚，稍突出；眼较小，位于头侧上方；体被圆鳞，中等大，胸腹部具鳞，胸部鳞片较小，侧线完全，平直；侧线鳞46～49；体长为体高的3.4～3.9倍，为头长的3.9～4.8倍；背鳍位于体的前半部，具有粗壮而光滑的硬棘，棘长大于头长；体银白色，背部稍带灰色，腹部色浅，略带黄，体侧无斑。背鳍鳍间膜呈黑色，尾鳍带红色，其他各鳍淡色。似刺鳊鮈生活在河湖中、下层，主食软体动物和水生昆虫。5～6月产卵，卵无黏性。分布于长江水域及其附属水体。

　　洪泽湖中主要分布在浅滩、沟洼处，老子山水域、蒋坝水域、湖西岸一带。

似鲛（jiao）

中文学名		似 鲛	纲	硬骨鱼纲
拉丁学名		*Toxabramis swinhonis* Günther	目	鲤形目
别 称		薄鳌鱼	科	鲤 科
界		动物界	属	似鲛属
门		脊索动物门	种	似 鲛

似鲛是小型鱼类，体极扁薄，背部略平直，腹缘呈弧形。头短，头长显著小于体高，体长为体高的3.6～4.6倍；吻尖，吻长小于眼径，口小，端位，上、下颌约等长；眼间隔隆起，眼间距略大于眼径；鳃孔宽，向前伸至前鳃盖骨后缘的正下方；侧线完全，侧线自胸鳍后上方急剧下折，与腹缘平行，于体之下半部至臀鳍基部后端上折，伸至尾柄中轴；体被圆鳞，鳞薄，中等大，侧线鳞56～66，尾柄鳞20～22；鳃耙23～27；腹鳍分枝鳍条7，背鳍硬棘后缘具锯齿，臀鳍分枝鳍条15～19；腹棱明显，自颊部直到肛门；体背侧灰黑色，腹部银白色，尾鳍青灰色，其他各鳍淡色。似鲛栖息于水体的中、上层，主要食物为枝角类、水生昆虫等。1冬龄可达性成熟，每年6～7月间产卵繁殖，卵漂浮性。广布于我国黄河、长江等水系。

洪泽湖分布于整个水域。

洪泽湖水生经济生物图鉴

HONGZE HU SHUISHENG JINGJI SHENGWU TUJIAN

铜　鱼

中文学名	铜　鱼	纲	硬骨鱼纲
拉丁学名	*Coreius heterodon* (Bleeker)	目	鲤形目
别　称	金鳅、水密子	科	鲤科
界	动物界	属	铜鱼属
门	脊索动物门	种	铜鱼

　　铜鱼体长，体前段圆筒状，后段侧扁，头腹面及胸部较平，头小，锥形，吻尖。口狭小，下位，呈马蹄形；眼细小，眼小于鼻孔，须1对，粗长，后端可达前鳃盖骨后缘；背鳍3，7，臀鳍3，6，胸鳍1,18～19，腹鳍1,7；侧线鳞52～54，鳃耙11～13；背鳍无棘，胸鳍短，末端不达腹鳍；体被圆鳞，较小，胸、腹部鳞细小；体背古铜色，腹部略黄，背侧各鳞具一灰黑色浅斑，各鳍浅色，边缘浅黄色。铜鱼栖息于流水环境，喜集群于底层，杂食性，主食蚬、螺、淡水壳菜等软体动物。3龄达性成熟，4～6月间在水流湍急的水域产漂流性卵。分布于长江和黄河水系。铜鱼肉鲜嫩，富含脂肪。

　　洪泽湖中主要分布在堤坝、闸口处。

圆口铜鱼

中文学名	圆口铜鱼	纲	硬骨鱼纲
拉丁学名	*Coreius guichenoti* (Sauvage et Dabry)	目	鲤形目
别　称	方头水密子、肥沱	科	鲤　科
界	动物界	属	铜鱼属
门	脊索动物门	种	圆口铜鱼

　　圆口铜鱼体形似铜鱼，体长，体前段圆筒状，后段侧扁，头腹面及胸部较平，头后背部显著隆起，吻较宽圆。口宽，呈弧形；眼径小于鼻孔；须1对，粗长，向后伸至胸鳍基部；鳃耙11～13；侧线平直、完全，侧线鳞54～58；背鳍稍短，无棘；胸鳍长，后伸远超过腹鳍起点，这是区别于铜鱼的显著特点；尾鳍宽，分叉深，上叶比下叶长；鳞片后部长且稍小，各鳍基部及腹鳍基部腹面都覆盖小鳞片。体为古铜色，带金黄色光泽；腹部淡黄色；背鳍灰黑色略带黄色；胸鳍肉红色带黄色，基部淡黄色；腹鳍和臀鳍为淡黄色带肉红色；尾鳍金黄色，边缘为黑色。圆口铜鱼栖息于水流湍急的水域下层，杂食，食软体动物、水生昆虫以及植物碎片等。产卵期从4月下旬到7月上旬，产漂流性卵。圆口铜鱼分布于长江上游干支流和金沙江下游以及岷江、嘉陵江、乌江等支流中。该鱼富含脂肪，肉质鲜美。

　　洪泽湖中主要分布在堤坝、闸口处。

稀有白甲鱼

中文学名	稀有白甲鱼	纲	硬骨鱼纲
拉丁学名	*Varicorhinus (Onychostoma) rarus* Lin	目	鲤形目
别　称	沙鱼	科	鲤科
界	动物界	属	突吻鱼属
门	脊索动物门	种	稀有白甲鱼

　　稀有白甲鱼体侧扁，略高，呈纺锤形，腹部圆，头短而宽，较高。吻短，圆钝，吻皮下垂盖住上唇基部；口颇宽，下位，口裂稍呈弧形，下颌露出唇外，有较发达的角质边缘，下唇在口角处存在，唇后沟很短，具须2对，吻须较小，很细，口角须长，其长小于眼径；眼较小，侧上位，侧线完全，平直，向后伸达尾柄基部中央；侧线鳞42～44；背鳍较宽大，外缘微凹，末根不分枝鳍条为粗壮硬棘，末端柔软，硬棘后缘具锯齿，第1分枝鳍条短于头长；鳞片较大，胸、腹部鳞片变小，背鳍和臀鳍基部有鳞鞘，腹鳍基部有狭长的腋鳞；背部青黑色，腹部银白色，体侧各鳞片基部有新月形黑色斑块，各鳍均为灰黑色，胸、腹鳍颜色较浅。稀有白甲鱼生活在砾石底、水流湍急的水域，食藻类。2～3龄性成熟，在5～8月分批产卵。长江以南各主要水系均有分布。

　　2015年9月24日，本品种捕获于洪泽湖闸坝浅水中，采集于洪泽高涧船闸南侧水产交易码头，为洪泽湖水域首次发现。

小口白甲鱼

中文学名	小口白甲鱼	纲	硬骨鱼纲
拉丁学名	*Varicorhinus (Onychostoma) lini* Wu	目	鲤形目
别　称	红尾子	科	鲤科
界	动物界	属	突吻鱼属
门	脊索动物门	种	小口白甲鱼

　　小口白甲鱼个体小、体长，稍侧扁，头短，圆钝。吻突出，吻长等于或稍短于眼后头长；口较小，下位，头长为口宽的3.6～4.6倍。下唇仅见于两侧口角处；下颌具角质边缘，须2对，口角须稍长。背鳍具有带锯齿的硬棘，尾柄较细，其长为其高的1.8～2.1倍；鳞中等大；侧线完全，平直伸入尾柄中央，侧线鳞45～47；体银白色，背部灰黑，各鳍及尾鳍下叶呈鲜红色。小口白甲鱼为中、下层鱼类，生活于水流湍急、底质多砾石的河段，以下颌刮食藻类和沉积腐殖质等。体长约16cm的2龄个体性腺开始成熟，每年4月产卵。广泛分布于珠江下游各水系，汀江、九龙江及沅江水系。肉细嫩，味鲜美。

　　2015年8月30日采集于洪泽县第二农贸市场，该鱼捕获于洪泽湖洪泽水域，为洪泽湖水域首次发现。该标本现存于江苏省洪泽湖渔业管理委员会办公室。

鳙（yong）

中文学名	鳙	纲	硬骨鱼纲
拉丁学名	*Aristichthys nobilis* (Richardson)	目	鲤形目
别　称	花鲢、胖头鱼、大头鲢	科	鲤　科
界	动物界	属	鳙属
门	脊索动物门	种	鳙

　　鳙个体大，体侧扁而厚，腹部较窄。头很大，几乎占身体长度的1/3；吻短而钝，口大，口端位，下颌向上倾斜；头大、口大是区别于白鲢的显著特征之一。眼小，位于头侧下半部，无须，下咽齿勺形，齿面平滑；鳃耙呈页状，但不联合，具螺旋形的鳃上器；鳞细小，胸鳍末端超过腹鳍基部，自腹鳍至肛门有狭窄的腹棱。背鳍短，分枝鳍条9，臀鳍分枝鳍条10～12；体背侧部灰黑色，间有浅黄色泽，腹部银白色，体侧有许多不规则黑色斑点，各鳍灰白色，并有许多黑斑。鳙活动于水体的中、上层，性较温和，行动迟缓，以浮游动物为食。4龄达性成熟，5～7月产卵，卵漂流性，不能在洪泽湖自然繁殖。分布于全国各大水系及其湖泊水库。鳙生长迅速，是我国著名的"四大家鱼"之一，是典型的滤食性鱼类，为"以鱼净水"的重要品种之一。

　　洪泽湖地区渔民习惯称之为"大头鲢"，分布在整个水域。为人工增殖放流品种。

长春鳊

中文学名	长春鳊	纲	硬骨鱼纲
拉丁学名	*Parabramis pekinensis* (Basilewsky)	目	鲤形目
别　称	鳊鱼、长身鳊、草鳊、油鳊、雀鳊	科	鲤　科
界	动物界	属	鳊　属
门	脊索动物门	种	长春鳊

　　长春鳊体侧扁，呈长菱形，体长为体高的2.5～2.9倍，这是与团头鲂的显著区别之一。头小，侧扁；吻短，吻长大于或等于眼径；口小，端位，斜裂。上颌长于下颌，并有角质物；背鳍具3棘，粗壮而光滑，7分枝鳍条；自胸鳍直至肛门腹棱明显；体被中大圆鳞，背、腹部鳞较体侧小；臀鳍条3，28～34；侧线完全，近平直，约位于体侧中央，向后伸达尾鳍基，侧线鳞52～61；体背青灰色，体侧和腹部银白色，各鳍呈灰白色并镶有黑色边缘。长春鳊生活于水体的中、上层，草食性。生殖季节4～8月，以6～7月最盛，在流水中产漂流性卵。分布于我国平原地区各江河、湖泊。长春鳊生长较慢，肉味鲜美。

　　洪泽湖中主要分布在成子湖、老子山水域滩洼，以及湖西岸溧河洼口、临淮头、王沙、穆墩至半城一带滩洼。

六、鳅科

大鳞副泥鳅

中文学名	大鳞副泥鳅	纲	硬骨鱼纲
拉丁学名	*Paramisgurnus dabryanus* (Sauvage)	目	鲤形目
别　称	泥鳅、肉鳅	科	鳅　科
界	动物界	属	副泥鳅属
门	脊索动物门	种	大鳞副泥鳅

　　大鳞副泥鳅体长形，侧扁，体较高，腹部圆；尾柄上下的皮褶棱甚发达，分别达背鳍和臀鳍基部后端；头短，锥形，其长度小于体高；吻短而钝，口下位，呈马蹄形，唇较薄，并有许多皱褶；须5对，其中吻须2对，口角须1对，颏须2对，各须均长，口角须后伸可达鳃盖后缘，其长度大于吻长；眼被皮膜覆盖，无眼下刺；鳞片比泥鳅大，埋于皮下，侧线鳞约130以下；尾柄处皮褶棱发达，与尾鳍相连，尾柄长与高约相等，尾鳍圆形，肛门近臀鳍起点。大鳞副泥鳅生活在淤泥底的静止或缓流水体内，适应性较强，在含腐殖质丰富的环境内生活，能行肠呼吸，当水缺氧时，上升至水面呼吸，而在水体干涸后，又可钻入泥中潜伏。杂食性，以各类小型动植物为食。分布于长江中下游及其附属水体中。

　　洪泽湖地区渔民习惯称之为"板鳅"，主要分布在成子湖、老子山水域、湖西岸一带水域的滩洼、河沟。

泥 鳅

中文学名	泥鳅	纲	硬骨鱼纲
拉丁学名	*Misgurnus anguillicaudatus* (Cantor)	目	鲤形目
别　称	鳅、鳅鱼	科	鳅　科
界	动物界	属	泥鳅属
门	脊索动物门	种	泥鳅

　　泥鳅是小型底层鱼类，体细长，前端呈亚圆筒形，腹部圆，后端侧扁；头部较尖，吻部向前突出，倾斜角度大，吻长小于眼后头长；口小、亚下位，呈马蹄形，唇软，有细皱纹和小突起；眼小，覆盖皮膜，上侧位视觉不发达；鳃裂止于胸鳍基部，须5对，无眼下刺；鳞小，埋于皮下，尾柄上皮褶棱低，与尾鳍相连；腹鳍起点位于背鳍第2～4分枝鳍条的下方，尾鳍圆形，肛门靠近臀鳍。泥鳅的体表黏液丰富，体背及体侧2/3以上部位呈灰黑色，体侧下半部灰白色或浅黄色，胸鳍、腹鳍和臀鳍为灰白色，尾鳍和背鳍具有黑色小斑点，栖息在不同环境中的泥鳅体色略有不同。泥鳅生活在淤泥底的静止或缓流水体内，杂食，以各类小型动植物为食。分批产卵，繁殖期主要在5～6月，受精卵黏附在水草上孵化，孵化期雄鱼有守护的习性。东亚大陆、日本及中国台湾各地淡水水域均有分布。

　　洪泽湖中分布在滩洼、河沟处，成子湖、老子山水域、湖西岸一带水域较多。

七、平鳍鳅科

浙江原缨口鳅

中文学名	浙江原缨口鳅	目	鲤形目
拉丁学名	*Vanmanenia stenosoma chekianensis* (Tchang)	科	平鳍鳅科
界	动物界	属	原缨口鳅属
门	脊索动物门	种	浙江原缨口鳅
纲	硬骨鱼纲		

　　浙江原缨口鳅属小型鱼类，头部平扁，体延长，腹部平，背部稍隆起，吻较短，吻褶分为3叶，具吻沟，不连续，口下位，较小，下唇具有小乳突，中部边缘仅有4个分叶小乳突，吻须2对，颌须1对。鼻孔2个，位于眼前；眼小，上侧位；褶孔伸达头部腹面；体长为体高的4.8～5.7倍，为头长的4.7～5倍；尾部稍侧扁，尾柄长与尾柄高相等；鳃裂下端延伸到头部腹面，胸鳍、腹鳍平展，背鳍小，位于体中央，起点在胸鳍与腹鳍中点，肛门近臀鳍，尾鳍近截形；背鳍条3～7，臀鳍条2～5，侧线孔90～98，脊椎骨38。浙江原缨口鳅头及体表分布虫蚀形的斑纹，栖息于山涧溪流水底，营底栖生活，以藻类、水生昆虫为食。是我国的特有物种，分布于浙江各水系，具观赏价值。

　　2015年8月31日，该品种在洪泽湖湖滨浴场附近野钓时捕获，为洪泽湖水域首次发现。

八、刺鳅科

刺鳅（qiu）

中文学名	刺鳅	纲	硬骨鱼纲
拉丁学名	*Mastacembelus aculeatus* (Basilewsky)	目	鲈形目
别　称	刚鳅、刀鳅	科	刺鳅科
界	动物界	属	刺鳅属
门	脊索动物门	种	刺　鳅

　　刺鳅体细长，头长而尖，吻稍长，尖而突出，具游离皮褶，前鼻孔呈管状，位于吻的两侧。眼位于头部的侧上方，表面覆以薄皮，眼下前方有一倒生的小刺，埋于皮内；口下位，口裂几成三角形，口角达眼前缘或稍超过，上、下颌具绒毛状齿，呈带状排列；胸鳍小而圆，无腹鳍，背鳍和臀鳍基部极长，分别与尾鳍相连；背鳍前方有1排各自独立的硬棘，臀鳍具棘3枚，尾鳍略尖；体被细鳞，无侧线，背鳍有33～34枚硬棘；体背黄褐色，腹部淡黄，头部从眼上向后有2条淡色线条，沿体背纵伸至尾鳍基，体背、腹侧有许多网状花纹，体侧有30余条褐色垂直条斑，背棘基黑褐色，胸鳍淡黄色或灰黄，其余各鳍灰色，臀鳍下缘常饰以白边。刺鳅为底栖鱼类，常栖息于多水草的浅水区，以水生昆虫及其他小鱼为食，生殖期大约在7月份。分布于全国东部各水系。

　　洪泽湖地区渔民习惯称之为"刀鳅"，主要分布在湖洼、河沟处。

九、鳢科

乌鳢（lǐ）

中文学名	乌鳢	纲	硬骨鱼纲
拉丁学名	*Channa argus* (Cantor)	目	鲈形目
别　称	黑鱼、财鱼、乌棒	科	鳢科
界	动物界	属	鳢属
门	脊索动物门	种	乌鳢

　　乌鳢为凶猛性鱼类，体略呈圆筒状。头尖，稍平扁，头长为头宽1.8～2.5倍；口裂斜伸至眼后，上、下颌具尖齿，头部覆盖鳞片；背鳍47～50鳍条，臀鳍31～36鳍条，背、臀鳍基部很长，胸鳍、尾鳍圆形；腹鳍小，6鳍条，位于胸鳍基底后下方；各鳍均无鳍棘，侧线鳞60～69；体灰黑色，腹部浅色，体侧具许多不规则黑斑，头部眼后至鳃盖有2条黑色纵带，背鳍、臀鳍和尾鳍暗色，具黑色细纹，胸鳍和腹鳍浅黄色，胸鳍基部有1个黑点。乌鳢常潜伏在水草丛中伺机袭捕食物，主食鱼、虾。口腔内具鳃上副呼吸器，常吞吸空气，能适应缺氧环境。产卵期在5～7月，亲鱼将水草搅成环形的巢，产卵于其中，卵为浮性，亲鱼有守巢和护仔鱼的习性。乌鳢除高原地区外，广泛分布于长江流域及北至黑龙江一带。生长快，细刺少，肉肥味美。

　　洪泽湖地区渔民习惯称之为"黑鱼"，主要分布在成子湖、老子山水域滩洼及湖西岸溧河洼口、临淮头、穆墩至半城一带滩洼。

十、鮨科

鳜（gui）

中文学名	鳜	纲	硬骨鱼纲
拉丁学名	*Siniperca chuatsi* (Basilewsky)	目	鲈形目
别　称	桂鱼、桂花鱼、季花鱼、胖鳜	科	鮨　科
界	动物界	属	鳜　属
门	脊索动物门	种	鳜

鳜体较高、侧扁，头及背部显著隆起，头大。口裂略倾斜，下颌突出，上颌后伸至眼后缘，上、下颌前部有犬齿状小齿，下颌犬齿发达，前鳃盖骨后缘呈锯齿状。头长为眼径5.3～8.1倍，这是与大眼鳜区别的显著特点之一。侧线有孔鳞110～142；体黑褐带青黄色，具不规则褐色斑点和斑块，吻短，经眼至背鳍第1至第3鳍基底有一条黑色斜带，背侧近背鳍基底有4～5条黑色横斑，背鳍、臀鳍和尾鳍各具黑色点纹，胸鳍和腹鳍浅色。常栖息于静水或缓流水域，在湖底下陷处躺卧，夜间活动觅食，为凶猛性鱼类，食其他鱼类和虾。生殖季节在5～7月，产浮性卵。分布于华北、华东和华南等各地。肉质优良，少细刺。

洪泽湖地区渔民习惯称之为"季花鱼"，主要分布在成子湖、高良涧水域、老子山水域滩洼及湖西岸溧河洼口、临淮头、王沙、穆墩至半城一带滩洼。

大 眼 鳜

中文学名	大眼鳜	纲	硬骨鱼纲
拉丁学名	*Siniperca kneri* Garman	目	鲈形目
别　称	母猪壳、刺薄鱼、羊眼桂鱼	科	鮨科
界	动物界	属	鳜属
门	脊索动物门	种	大眼鳜

　　大眼鳜体较高、侧扁，头及背部显著隆起。口大，端位，口裂略倾斜，上颌后端不达眼后缘，下颌突出，下颌犬齿不明显；眼大，侧上位，头长为眼径4.7～5.1倍，这是区别于鳜鱼的显著特点之一。每侧鼻孔2个，前鼻孔呈短管状，后鼻孔椭圆形；侧线有孔鳞74～98，背鳍基部后端约与臀鳍基部后端相对，胸鳍较宽呈扇形，腹鳍较窄，末端后伸不达肛门，臀鳍外缘圆形，末端接近或达尾鳍基，尾鳍后缘近截形；身体被圆鳞，鳃盖上有小鳞，体上部鳞大，下部鳞小；体侧棕黄色、灰黄或灰白，腹部灰白色；头部两侧各有1条褐色斜带穿过眼的前后，头背部至背鳍前有一褐色带纹，背鳍基部有4个黑褐色鞍状斑纹，背、尾鳍上有数列棕褐色斑点。大眼鳜习性与鳜鱼相近，喜栖息于江河、湖泊的流水环境，性凶猛，以鱼、虾为食。分布于长江流域或淮河中、下游各地。味鲜美，少细刺。

　　洪泽湖中主要分布在成子湖、老子山水域及湖西岸溧河洼口、临淮头、王沙、穆墩至半城一带滩洼。

十一、塘鳢科

沙塘鳢（Ⅱ）

中文学名	沙塘鳢	纲	硬骨鱼纲
拉丁学名	*Odontobutis obscurus* (Temminck et Schlegel)	目	鲈形目
别　称	塘鳢、蒲鱼、虎头鲨、虎头呆子	科	塘鳢科
界	动物界	属	沙塘鳢属
门	脊索动物门	种	沙塘鳢

　　沙塘鳢体粗壮，前部浑圆，后部侧扁。头大，稍平扁，口上位，口大，下颌突出；两颌具细齿，多行，外行齿稍扩大，无犬齿，颊部肌肉发达；体被栉鳞，头部被小圆鳞，纵列鳞30～40；背鳍2个，彼此分离，第1背鳍6～8鳍棘，第2背鳍1鳍棘7～9鳍条，腹鳍胸位，左右分离，臀鳍1鳍棘6～8鳍条，尾鳍圆形；体黑褐色，体侧具不规则黑色斑块3～4个，头侧与腹面有黑斑或黑点，各鳍具多行暗色点纹，胸鳍基部黑色；生殖期间雄鱼体表光滑，雌鱼体表粗糙，有明显的生殖突。沙塘鳢为底层鱼类，喜隐居于泥沙、杂草等隐蔽处，食虾。4～6月产卵，以石隙、空蚌壳等为产卵巢穴，雄鱼有守巢护卵的习性。分布于长江、珠江等水系的平原河湖。成鱼体长一般10～20cm，肉多，鲜美可口，已经开展人工繁殖、养殖。

　　洪泽湖地区渔民习惯称之为"虎头呆子"，主要分布在堤坝、滩洼处。

黄　鲂（you）

中文学名	黄　鲂	纲	硬骨鱼纲
拉丁学名	*Hypseleotris swinhonis* (Günther)	目	原棘鳍总目
别　称	黄肚鱼、黄麻嫩	科	塘鳢科
界	动物界	属	黄鲂属
门	脊索动物门	种	黄　鲂

黄鲂为小型鱼类，体短小，口斜裂，下颌稍长于上颌，两颌均具细齿，眼径大于眼间距。体被栉鳞，背鳍2个，彼此分离；胸鳍大，腹鳍胸位，左右分离，尾鳍圆形。体青黄略带红色，体侧具9 ~ 10条暗色横带，横带成对排列，口下缘至口角具一垂直暗纹，第1背鳍灰黑色，第2背鳍和尾鳍具黑色点纹，其余各鳍灰白色。黄鲂常栖息于水体底层，一般成鱼体长4 cm以下。分布于黑龙江、黄河、长江、钱塘江各水系，数量较多。

洪泽湖中主要分布在滩洼、河沟等处。

十二、斗鱼科

圆尾斗鱼

中文学名	圆尾斗鱼		纲	硬骨鱼纲
拉丁学名	*Macropodus chinensis* (Bloch)		目	鲈形目
别　称	火烧鳊鲏、石巴子、草鞋底、菩萨鱼		科	斗鱼科
界	动物界		属	斗鱼属
门	脊索动物门		种	圆尾斗鱼

　　圆尾斗鱼为小型鱼类，体侧扁，呈长椭圆形，背腹凸出。头侧扁，吻短突，眼大而圆，侧上位；口小，上位，口裂斜，下颌略突出；具圆鳞，眼间、头顶及体侧皆被鳞，背鳍及臀鳍基部有鳞鞘，尾基部亦被鳞，侧线退化不明显；背、臀鳍基部长，鳍胸位，臀鳍几与尾鳍相连，尾鳍圆形；体侧暗褐色，鳃盖骨后缘具一蓝色眼状斑块，眼后下方与鳃盖间有2条暗色斜带，体侧各鳞片后部有黑色边缘，背鳍、臀鳍及腹鳍暗灰色，胸鳍浅灰色。雄鱼常比雌鱼体色鲜艳。圆尾斗鱼栖息湖汊、塘堰、稻田及沟港等处的水草丛里，摄食浮游动物、小昆虫，能吞吸空气，借口腔内的表皮进行辅助呼吸。产卵期为5～7月，卵浮性，产卵前，雄鱼先在水草多的水面上吐出气泡群，雌鱼就产卵于气泡群中，雄鱼在旁守护。分布于长江流域以北的广大地区，数量稀少，具一定观赏价值。

　　洪泽湖地区渔民习惯称之为"草鞋底"，主要分布在湖汊、滩洼、河沟处。

十三、鰕虎鱼科

子陵栉鰕（xia）虎鱼

中文学名	子陵栉鰕虎鱼	纲	硬骨鱼纲
拉丁学名	*Ctenogobius giurinus* (Rutter)	目	鲈形目
别　称	庐山石鱼、春鱼	科	鰕虎鱼科
界	动物界	属	栉鰕虎鱼属
门	脊索动物门	种	子陵栉鰕虎鱼

　　子陵栉鰕虎鱼又叫子陵吻鰕虎鱼，为底栖性小型鱼类，体长形，略侧扁，头大较扁平，吻长而钝。口裂大，端位，两颌具数行细齿，唇肥厚，眼侧上位，眼间较窄而平，每侧鼻孔2个。背鳍2个，分离；胸鳍大，圆扇形；腹鳍胸位，吸盘成椭圆形，鳍膜后缘内凹，吸盘后缘距肛门较远；尾鳍圆形。头部、颊部和胸部裸露无鳞，背部和腹部被圆鳞，余部被栉鳞，这是与波氏吻鰕虎鱼主要区别之一。体灰褐带肉色，体背和体侧具6～8个黑色斑块，头部有云状斑纹和斑点，胸鳍基部有一黑色斑块，背、尾、臀鳍均具多行小斑点，胸、腹鳍无色或色浅。子陵栉鰕虎鱼散居于石隙中，食各类水生无脊椎动物，并有同类残食现象。1龄开始性成熟，2龄产卵，繁殖期4～6月，卵黏附于石上孵化。分布于我国除西北地区外各大江河水系。

　　洪泽湖地区渔民习惯称之为"爬地虎"，整个湖区均有分布。

波氏吻鰕虎鱼

中文学名	波氏吻鰕虎鱼	目	鲈形目
拉丁学名	*Rhinogobius cliffordpopei* (Nichols)	科	鰕虎鱼科
界	动物界	属	吻鰕虎鱼属
门	脊索动物门	种	波氏吻鰕虎鱼
纲	硬骨鱼纲		

　　波氏吻鰕虎鱼为小型底栖鱼类，体延长，前部圆筒形，后部侧扁。背缘浅弧形，腹缘稍平直，尾柄较长；头中大，圆钝，前部宽且平扁，背部稍隆起，颊部稍突出，吻圆钝且较长，吻长大于眼径；眼中大，背侧位，位于头的前半部，眼上缘突出于头部背缘。鼻孔每侧2个，分离，相互接近；口小，前位，斜裂，两颌约等长。体被中大弱栉鳞，头的吻部、颊部、鳃盖部和胸部、腹部及胸鳍基部均无鳞，无侧线；背鳍2个，彼此分离；腹鳍宽圆形，下侧位，腹鳍略短于胸鳍，圆盘状，左右腹鳍愈合成一吸盘；尾鳍长圆形。体灰褐色，背部暗色，腹部浅色，体侧具6～7条深褐色横纹，雄鱼第1背鳍前部有一蓝褐色斑点，各鳍黑褐色，有的个体两背鳍和胸鳍上缘浅灰色，头腹面黑褐色。多见于湖岸、河流的沙砾、浅滩区，伏卧水底，杂食性，以各类水生无脊椎动物为食。是我国的特有物种，分布于长江中下游、钱塘江等水系。

　　洪泽湖中主要分布湖岸、河沟及闸口处。

红狼牙鰕虎鱼

中文学名	红狼牙鰕虎鱼	纲	硬骨鱼纲
拉丁学名	*Odontamblyopus rubicundus* (Hamilton)	目	鲈形目
别　称	红亮鱼、麻皮头、赤乃、瘦条、狗吊鱼	科	鳗鰕虎鱼科
界	动物界	属	狼牙鰕虎鱼属
门	脊索动物门	种	红狼牙鰕虎鱼

　　红狼牙鰕虎鱼为小型鱼类，身体延长而侧扁，呈带状。眼小，退化，埋于皮下；口大，斜形，下颌及颏部向前突出，上、下颌的外行牙为6～12个尖锐弯形的大牙，突出唇外，口闭合时露于口外，似狼牙状；背鳍、尾鳍、臀鳍互相连接为一整体，胸鳍宽且长，上部鳍条游离呈丝状；头、体裸露无鳞，无侧线；全体紫色，胸鳍、腹鳍有时具黑褐色边缘。1冬龄达性成熟，4～5月进行生殖活动，雌鱼用鳍翻动沙粒，将卵产于沙穴中。红狼牙鰕虎鱼性极凶残，以底栖性的小鱼及无脊椎动物为食。分布在长江中下游，特别是近海处。

　　洪泽湖地区渔民习惯称之为"狗吊鱼"，分布于整个湖区，成子湖、韩桥水域较多。

十四、鳗鲡科

鳗（man）鲡（li）

中文学名	鳗鲡	纲	硬骨鱼纲
拉丁学名	*Anguilla japonica* Temminck et Schlegel	目	鳗鲡目
别　称	白鳝、鳗	科	鳗鲡科
界	动物界	属	鳗鲡属
门	脊索动物门	种	鳗　鲡

鳗鲡体长，圆筒形，尾部稍侧扁，上、下颌具细齿，体被细鳞，隐埋于皮下，呈席纹状排列，侧线明显，位于体侧中央。背鳍起点距鳃孔较距肛门为近，背、臀鳍低，基部长，后端均与尾鳍相连；背、臀鳍起点距短于头长，但长于头长之半；胸鳍小，圆形，腹鳍缺失；体无斑点，体背暗绿色，体侧暗灰色，腹部白色，背鳍和臀鳍后部边缘及尾鳍黑色，胸鳍淡色。鳗鲡以食小鱼、蟹、虾和水生昆虫为主，也食动物腐败尸体，一般夜间活动。鳗鲡是一种降河性洄游鱼类，原产于海中，有很强的溯水能力，溯游到淡水内长大，到达性成熟年龄的个体，回到海中产卵。我国沿海和各大江湖及其通江湖泊均有分布。鳗鲡生长迅速，肉质细嫩多脂、营养丰富。

洪泽湖地区渔民习惯称之为"鳗鱼"，洪泽湖中分布在闸口、河口、堤坝处。

洪泽湖水生经济生物图鉴

HONGZE HU SHUISHENG JINGJI SHENGWU TUJIAN

十五、鲿科

黄颡（sang）鱼

中文学名	黄颡鱼	纲	硬骨鱼纲
拉丁学名	*Pelteobagrus fulvidraco* (Richardson)	目	鲇形目
别　称	黄腊丁、昂刺鱼	科	鲿科
界	动物界	属	黄颡鱼属
门	脊索动物门	种	黄颡鱼

黄颡鱼体略粗壮，腹面平，体后半部稍侧扁。头大且扁平；吻短，圆钝，不突出；口裂大，下位，上颌稍长于下颌，上、下颌均具绒毛状细齿；眼小，侧位，眼间隔稍隆起，须4对，上颌须长，末端达到或超过胸鳍基部；体无鳞，背鳍硬棘后缘具锯齿，胸鳍棘比背鳍棘长，前、后缘均具锯齿；腹鳍较短，尾鳍分叉，成熟雄鱼肛门后面有生殖突；体背部黑褐色，体侧有2纵行金黄色带纹，并有间隔暗色纵斑纹，腹部淡黄色。雌、雄颜色有很大差异，深黄色的黄颡鱼头上刺有微毒。黄颡鱼在静水或缓流的浅滩生活，白天潜伏于水底层，夜间活动，属以肉食性为主的杂食性鱼类，主食底栖无脊椎动物。4～5月产卵，亲鱼有掘坑筑巢和保护后代的习性。分布长江、黄河、珠江及黑龙江等流域。肉嫩，少刺，多脂肪，现已经广泛开展人工繁殖养殖。

洪泽湖地区渔民习惯称之为"昂刺鱼"，主要分布在成子湖、老子山水域及湖西岸溧河洼口、临淮头、王沙、穆墩至半城一带滩洼。

光泽黄颡鱼

中文学名	光泽黄颡鱼	纲	硬骨鱼纲
拉丁学名	*Pelteobagrus nitidus* (Sauvage et Dabry)	目	鲇形目
别　称	尖嘴黄颡、油黄姑、猪嘴昂	科	鲿　科
界	动物界	属	黄颡鱼属
门	脊索动物门	种	光泽黄颡鱼

　　光泽黄颡鱼个体小，体长形，头部稍扁平，头后体渐侧扁，头顶大部裸露。吻短、稍尖，口下位，略呈弧形，须4对，上颌须稍短，末端不达胸鳍基部；胸鳍具粗壮硬棘，前缘光滑，后缘锯齿发达；背鳍棘较胸鳍棘为长，后缘锯齿细弱；腹鳍末端能达到臀鳍起点，腹鳍基部短于臀鳍基部，臀鳍条22～25，尾鳍深分叉，这是区别于黄颡鱼的特点之一。体裸露无鳞，侧线平直，体侧有2块暗色斑纹。生活在江湖中、下层，以水生昆虫和小虾为食。4～5月在近岸浅水区产卵，生殖时，雄鱼在水底掘成锅底形圆穴，上面覆盖水草，雌鱼产卵于穴中，雄鱼守候穴旁保护鱼卵发育。分布于闽江、湘江、长江等水系。

　　洪泽湖地区渔民称之为"猪嘴昂"，主要分布在成子湖、老子山水域滩洼及湖西岸溧河洼口、临淮头、王沙、穆墩至半城一带滩洼。

切尾拟鲿（chang）

中文学名	切尾拟鲿	目	鲇形目
拉丁学名	*Pseudobagrus truncatus* (Regan)	科	鲿科
界	动物界	属	拟鲿属
门	脊索动物门	种	切尾拟鲿
纲	硬骨鱼纲		

　　切尾拟鲿是圆尾拟鲿同种不同的生态类群，与圆尾拟鲿区别在于尾鳍后缘微凹或近截形，其余生物学特征特性基本相同或相近。头稍平扁，吻圆钝；须4对，上颌须后伸达到眼后缘与胸鳍之间的中点；背鳍棘短，后缘光滑；胸鳍棘稍长于背鳍棘，前缘光滑，后缘锯齿发达；腹鳍后伸达肛门，腹鳍基部长于臀鳍基部，臀鳍条17～20。为江河中生活的底层鱼类，个体较小，以水生昆虫及其幼虫、小型软体动物、甲壳类和小鱼虾为食。繁殖季节为5～6月，产沉性卵，分布于长江水系。

　　洪泽湖中主要分布在闸口、河口、堤坝处，资源量稀少。

乌苏里拟鲿

中文学名	乌苏里拟鲿	纲	硬骨鱼纲
拉丁学名	*Pseudobagrus ussuriensis* (Dybowski)	目	鲇形目
别　称	溜竿黄腊丁、牛尾巴	科	鲿科
界	动物界	属	拟鲿属
门	脊索动物门	种	乌苏里拟鲿

　　乌苏里拟鲿个体较小，体细长，背鳍之后向尾鳍方向渐侧扁，无鳞，头顶被皮膜，枕骨不裸出，皮光滑。头纵扁，吻圆钝，口下位、横裂，前鼻孔呈短管状，与后鼻孔相距甚远，须4对，上颌须末端不达胸鳍基部；侧线完全，背鳍棘后缘有细弱的锯齿，棘长与胸鳍棘相等或稍短；胸鳍棘前缘光滑，后缘锯齿明显；腹鳍基部稍长于臀鳍基部，臀鳍条17～20；尾鳍内凹，上片略长于下片，两叶末端圆。游离椎骨不少于45枚。体背、体侧灰黄色，上部深于下部，腹部白色，背鳍、尾鳍末端为黑色。乌苏里拟鲿喜欢栖息在江河底层缓流中，幼鱼摄食浮游动物和底栖生物，成鱼食浮游类和毛翅类幼虫、摇蚊幼虫、小鱼等。广泛分布于黑龙江、乌苏里江、嫩江、松花江、珠江等水域，洪泽湖、太湖有分布。肉味鲜美，已开展人工繁殖、养殖。

　　洪泽湖中主要分布在闸口、河口、堤坝处。

长吻鮠（wei）

中文学名	长吻鮠	纲	硬骨鱼纲
拉丁学名	*Leiocassis longirostris* Günther	目	鲇形目
别　称	江团、肥沱、江鮰、鮰鱼、淮鱼央	科	鲿　科
界	动物界	属	鮠　属
门	脊索动物门	种	长吻鮠

　　长吻鮠体长，头较尖，口下位，呈新月形，吻特别肥厚，显著突出。须短，4对，细小，上须仅略过眼后；无鳞，眼小，被皮膜覆盖。背鳍棘后缘有锯齿；胸鳍棘前缘光滑，后缘锯齿弱；臀鳍上方有一肥厚的脂鳍，臀鳍条14～18，尾鳍分叉，深叉形；游离椎骨不多于35枚；体粉红色，背部稍带灰色，腹部白色，鳍为灰黑色。栖息于江河的底层，冬季在深水处越冬，肉食性，以小型鱼、虾、水生昆虫为食。性成熟期为3龄，4～6月在底质多为沙、砾石的急流中产卵，卵黏性。长吻鮠分布于我国东部的辽河、淮河、长江、闽江至珠江等水系，以长江水系为主。长吻鮠为同类鱼中生长较快、体型较大的一种，最大可达10kg，肉鲜嫩，少细刺，其鳔特别肥厚，干制后为名贵的鱼肚，被视为肴中珍品，目前已经开展人工养殖。

　　洪泽湖渔民习惯称之为"淮央"，主要分布在闸口、河口、堤坝处。

白 边 鮠

中文学名	白边鮠	纲	硬骨鱼纲
拉丁学名	*Leiocassis albomarginatus* Rendhal	目	鲇形目
别　称	别耳姑	科	鲿科
界	动物界	属	鮠属
门	脊索动物门	种	白边鮠

　　白边鮠是圆尾拟鲿同种中的不同生态类群，形态上略有差异。体细长，头平扁，头顶有厚的皮膜覆盖，尾部侧扁。吻圆钝，须4对，上颌须稍超过眼后缘；背鳍棘后缘稍粗糙；胸鳍棘比背鳍棘短，前缘光滑，后缘锯齿明显；腹鳍肥厚，其基部稍长于臀鳍基；眼小，眼间隔较宽；鳃孔宽阔，鳃膜不与颊部相连，鳍盖过肛门，接近臀鳍起点；肩骨显著突出，位于胸鳍上方；尾柄后半部的上下缘有皮褶棱与尾部相连；侧线完全，平直，无鳞；体背侧青灰色，腹部白色，其他各鳍灰黑色，尾鳍圆形，边缘镶有明显的白边，这是有别于圆尾拟鲿的特点之一。白边鮠栖息在江河、湖泊的底层，以水生昆虫及其幼虫、小型软体动物、甲壳类和小鱼虾为食。繁殖季节为5～6月，产沉性卵。分布于长江水系，以洪泽湖、太湖为多。

　　洪泽湖中主要分布在闸口、河口、堤坝处。

洪泽湖水生经济生物图鉴

HONGZE HU SHUISHENG JINGJI SHENGWU TUJIAN

十六、鲇科

鲇（nian）

中文学名	鲇	纲	硬骨鱼纲
拉丁学名	*Silurus asotus* Linnaeus	目	鲇形目
别　称	土鲇、猫鱼、鲇鱼	科	鲇　科
界	动物界	属	鲇　属
门	脊索动物门	种	鲇

　　鲇体长，后部侧扁，体高为尾柄高3倍以上，头略大而平扁。口大，口裂未端止于眼前缘的下方，下颌突出，上、下颌具细齿；眼小，被皮膜，颌须1对，达到胸鳍未端，下颌须1对，较短；胸鳍棘前缘锯齿明显，背鳍条4～6，体无鳞，皮有黏质；臀鳍基部甚长，后端连于略凹的尾鳍，鳍条数目多；尾鳍小，微内凹，上、下叶等长；背部苍黑色，腹部白色。栖息于水体中、下层，尤喜在缓流和静水中生活，性不活跃，白天隐居于水草丛或洞穴中，黄昏和夜间外出觅食，多为食腐动物，以动植物为食。雌鱼体长20cm左右达性成熟，4～6月产卵，卵黏附在水草上。分布于除青藏高原和新疆外各大水系中。肉鲜嫩、少刺。

　　洪泽湖地区渔民习惯称之为"鲇鱼"，主要分布在涵闸、河沟、滩洼处。

十七、长臂虾科

日本沼虾

中文学名	日本沼虾	纲	甲壳纲
拉丁学名	*Macrobrachium nipponensis*	目	十足目
别　称	青虾、河虾，江虾、湖虾	科	长臂虾科
界	动物界	属	沼虾属
门	节肢动物门	种	日本沼虾

　　日本沼虾全身由20个体节组成，头部5节，胸部8节，腹部7节，有步足5对，前2对呈钳形，后3对成爪状。头胸甲略呈圆筒状，前端有一尖的突起，上缘几乎平直，带锯齿11～14个，下缘向上弧曲，有锯齿2～3个，头胸甲前缘在第1触角基部处有一对触角刺；腹部呈长柱形，腹节末端还有一尾节。额角的基部两侧有1对复眼，其复眼可自由活动，称为柄眼。体色通常呈青蓝色并有棕绿色斑纹，但常随栖息环境而变化。日本沼虾营底栖杂食性，幼虾阶段以浮游生物为食，成虾主要食小型无脊椎动物、藻类、有机碎屑等。1年虾可达性成熟，繁殖季节为4～8月，6～7月为盛期，多在春、夏两季繁殖。广泛分布于中国和日本淡水水域。生长快，个体大，繁殖快，生命力强，营养丰富，肉嫩味美。

　　洪泽湖地区渔民习惯称之为"青虾"，主要分布在湖滩、洼地及河沟等处。洪泽湖野生青虾享有盛名，已建立洪泽湖国家级青虾水产种质资源保护区。

秀丽白虾

中文学名	秀丽白虾	纲	甲壳纲
拉丁学名	*Palaemon (Exopalaemon) modestus*	目	十足目
别　称	秀丽长臂虾、白米虾、太湖白虾、水晶虾	科	长臂虾科
界	动物界	属	长臂虾属
门	节肢动物门	种	秀丽白虾

　　秀丽白虾体型较小，额角发达，上、下缘皆有锯齿，上缘基部形呈鸡冠状隆起。第1、2步足有螯，第2对较粗大，第3～5对步足爪状或细长柱状；甲壳薄而透明，洁白而微带蓝褐或红色点，死后体呈白色。秀丽白虾属杂食性动物，主要生活在敞水区域和河沟内，白天潜入水低，夜间升到湖水上层以浮游生物、植物碎屑等为食。秀丽白虾体重2g即可性成熟抱卵，抱卵盛期为4月中旬至8月底，5～6月为产卵的高峰期，可连续抱卵2～3次。肉质细嫩鲜美。

　　洪泽湖地区渔民习惯称之为"白条虾"，主要分布在湖区敞水区域及几个河沟。已建成洪泽湖秀丽白虾水产种质资源保护区。

中华小长臂虾

中文学名	中华小长臂虾	纲	甲壳纲
拉丁学名	*Palaemonetes sinensis*	目	十足目
别　称	花腰虾	科	长臂虾科
界	动物界	属	小长臂虾属
门	节肢动物门	种	中华小长臂虾

　　中华小长臂虾属小型虾类，成虾体长一般2.5～5cm，体重0.25～1.4g。体色呈青绿色且透明，虾体上有7条棕色条纹，以第3腹节色最浓，俗称"花腰"，这是有别于秀丽白虾和其他虾类的显著特征之一。眼睛比一般沼虾属的大，且眼柄与身体的角度也较大，但不如秀丽白虾。中华小长臂虾有一对鲜明的白色触须，向上竖起并时不时地抽动。中华小长臂虾多分布于水草茂盛的水域，食性与秀丽白虾相近。中国大部分淡水水域都有分布，可用于水族观赏。

　　洪泽湖中主要分布在湖滩、洼地及河沟等处，成子湖区域分布较多。

十八、匙指虾科

中华锯齿米虾

中文学名	中华锯齿米虾	纲	甲壳纲
拉丁学名	*Neocaridina denticulata sinensis*	目	十足目
别　称	草虾、米虾、工具虾	科	匙指虾科
界	动物界	属	米虾属
门	节肢动物门	种	中华锯齿米虾

中华锯齿米虾个体较小，成虾体长 2.5 cm 左右，生长迅速，皮多肉少，生长周期短。全身墨绿色，背面中央有一道不规则的棕色斑纹；步足5对，前2对呈钳状，螯的两指内面凹陷，略呈匙状，末端有刷状丛毛。生命力强，容易饲养，一般作为生态水族的除藻工具虾。

洪泽湖地区渔民习惯称之为"小米虾"。洪泽湖中分布湖滩、洼地及河沟等处。

十九、螯虾科

克氏原螯虾

中文学名	克氏原螯虾	纲	甲壳纲
拉丁学名	*Procambarus clarkii*	目	十足目
别　称	红螯虾、淡水小龙虾、小龙虾	科	螯虾科
界	动物界	属	原螯虾属
门	节肢动物门	种	克氏原螯虾

　　克氏原螯虾甲壳坚硬，头顶尖长，甲壳上明显具颗粒，额剑具侧棘或额剑端部具刻痕，体形粗壮呈圆筒状。虾体分头胸和腹两部分，头部有触须3对，在一对长触须中间为两对短触须；头部有5对附肢，胸部有8对附肢，后5对为步足，前3对步足均有螯；螯狭长，第1对特别发达，与蟹的螯相似，尤以雄虾更为突出。整体颜色有深红色、红色、红棕色、粉红色。克氏原螯虾属外来物种，生活在水体较浅、水草丰盛的湿地、湖泊和河沟内，杂食性，通过蜕壳实现生长。常年均可繁殖，以4～9月为高峰期。我国主要分布于长江中下游水域，近年来已成为我国淡水虾类中的重要资源。虾体大，肉多，营养丰富。

　　洪泽湖地区渔民习惯称之为"小龙虾"，主要分布在湖岸、湖滩、洼地及河沟等处。已建成洪泽湖克氏原螯虾水产种质资源保护区。以洪泽湖小龙虾烧制的"盱眙龙虾"风靡全国。

二十、方蟹科

中华绒螯蟹

中文学名	中华绒螯蟹	纲	甲壳纲
拉丁学名	*Eriocheir sinensis* H.Milne–Edwards	目	十足目
别　称	河蟹、螃蟹、毛蟹、大闸蟹	科	方蟹科
界	动物界	属	绒螯蟹属
门	节肢动物门	种	中华绒螯蟹

中华绒螯蟹体近圆形，背面隆起，额及肝区凹陷。眼窝上缘近中部处突出，呈三角形；头、胸、甲额缘具4尖齿突，腹部平扁，雌体呈卵圆形至圆形，雄体呈细长钟状；螯足，雄此雌大，掌节与指节基部的内外面密生绒毛；头、胸、甲背面为草绿色或墨绿色，腹面灰白。中华绒螯蟹喜掘穴而居，或隐藏在石砾、水草丛中，杂食性，食量大，且贪食，并有较强的忍饥饿能力，附肢具有自切和再生能力，蜕壳是其生长发育的标志。至10月中下旬，性腺已发育进入第Ⅳ期的中华绒螯蟹遂离开江河、湖泊向河口浅海作生殖洄游，每年6～7月新生幼蟹溯河进入淡水长成。广泛分布于沿海各地湖泊。肉质鲜嫩，营养丰富。

洪泽湖地区渔民习惯称为"毛螃蟹、大闸蟹"，主要分布在湖湾、湖滩、洼地及河沟等处。为洪泽湖人工增殖放流品种。"洪泽湖大闸蟹"是中国十大名蟹之一。

二十一、溪蟹科

锯齿溪蟹

中文学名	锯齿溪蟹	纲	甲壳纲
拉丁学名	*Potamon denticulatus* (H.Milne–Edwards)	目	十足目
别　称	旱螃蟹	科	溪蟹科
界	动物界	属	溪蟹属
门	节肢动物门	种	锯齿溪蟹

　　锯齿溪蟹大螯无毛，头胸甲的宽度略大于长度，这是区别于中华绒螯蟹的显著特征之一。表面稍隆，前半部具少数颗粒，后半部光滑；额区的一对隆起各具横行皱襞，额宽，向前下方倾斜，前缘中间凹陷，表面具颗粒；眼窝后部的隆起明显，眼窝背、腹缘及外眼窝齿的边缘均具细锯齿，外眼窝齿与前侧缘之间具一缺刻。锯齿溪蟹两性螯足均不对称，长节的边缘有锯齿，背缘近末端处具一小齿，腕节的内末角具一锐刺，外侧面末缘具小齿数枚，掌节肿胀，指节光滑。多栖息在河、湖、水田或山溪中，常沿河流两岸打洞穴居，营半陆栖生活，杂食性，但偏喜肉食，主要以鱼、虾、昆虫、螺类为食。锯齿溪蟹繁殖季节在4～9月。分布于山东、江苏、安徽、浙江、江西、福建、河南、四川、重庆等地。可食并具有一定药用价值。

　　洪泽湖地区渔民习惯称之为"旱螃蟹"，主要分布在湖湾、湖滩、洼地及河沟等处。

洪泽湖水生经济生物图鉴

HONGZE HU SHUISHENG JINGJI SHENGWU TUJIAN

二十二、蚌科

三角帆蚌（beng）

中文学名	三角帆蚌	纲	瓣鳃纲
拉丁学名	*Hyriopsis cumingii*	目	真瓣鳃目
别　称	河蚌、珍珠蚌、淡水珍珠蚌、三角蚌	科	蚌　科
界	动物界	属	帆蚌属
门	软体动物门	种	三角帆蚌

　　三角帆蚌壳大而扁平，厚而坚硬，后背缘向上伸出一帆状后翼，使蚌形呈三角状，珍珠层厚，光泽强，铰合部发达，壳面黑色或棕褐色。三角帆蚌栖息于浅滩泥质底或浅水层中，靠伸出斧足来活动，滤食水流中的食物为营养。每年4～5月，当天气晴暖，水温稳定在18℃左右时，成熟卵经生殖孔排出附在外鳃瓣上，此时雄性成熟精子随水流从雌蚌的入水管进入外鳃瓣与卵子结合形成受精卵。受精卵经1个月发育成钩介幼虫排出体外，遇到鱼类就利用足丝和钩齿抓住鱼体，在鱼身上营寄生生活，根据温度的不同，需经7～15天后可发育成稚蚌，从鱼体脱落沉入水底，营埋栖生活。广泛分布于湖南、湖北、安徽、江苏、浙江、江西等省。三角帆蚌是我国特有的河蚌资源，又是育珍珠的好材料。

　　洪泽湖中主要分布在湖滩、洼地及河沟等处，以老子山、临淮头、半城、周桥等水域浅滩分布多。

褶纹冠蚌

中文学名	褶纹冠蚌	纲	瓣鳃纲
拉丁学名	*Cristaria plicata*	目	真瓣鳃目
别　称	鸡冠蚌、湖蚌、绵蚌、水蚌、水壳、大江贝、棉鞋蚌	科	蚌　科
界	动物界	属	冠蚌属
门	软体动物门	种	褶纹冠蚌

　　褶纹冠蚌壳大，壳质较厚，且坚硬，前背缘突出不明显，壳后背缘向上扩展成巨大的冠，使蚌体外形略呈不等边三角形。壳面为黄褐色、黑褐色或淡青绿色，壳内面珍珠层呈乳白色、淡蓝色或七彩色。壳后背部有一列粗大的纵肋，铰合部不发达，左、右壳各有1枚大的后侧齿及1枚细弱的前侧齿。褶纹冠蚌属大个体淡水贝类，常栖息于缓流的河流、湖泊及池塘内的泥底或泥沙底。褶纹冠蚌雌雄异体，1年有2次繁殖季节，分别是3～4月和10～11月。广泛分布于我国。褶纹冠蚌开壳宽度可达1.5cm，便于植珠操作、成珠快，但培育的珍珠质地粗糙，珠态比三角帆蚌所育珍珠差，多作为药材、保健品和化妆品的原料。

　　洪泽湖中主要分布在湖区湖滩、洼地及河沟等处，以老子山、临淮头、半城、周桥等水域浅滩分布多。

背角无齿蚌

中文学名	背角无齿蚌	纲	瓣鳃纲
拉丁学名	*Anodonta woodiana*	目	真瓣鳃目
别　称	菜蚌、河蚌、湖蚌、蚌壳、无齿蚌、圆蚌	科	蚌　科
界	动物界	属	无齿蚌属
门	软体动物门	种	背角无齿蚌

　　背角无齿蚌壳较长，呈有角突的卵圆形，前端圆，后端略呈斜截形。壳质薄，易破碎，两壳稍膨胀。壳面平滑，生长线细，3条肋脉，壳长约为壳高的1.5倍。幼体壳面呈黄绿色或黄褐色，成体蚌的壳面呈黑褐色或黄褐色。壳内面珍珠层呈淡蓝色、淡紫色或橙红色，在贝壳腔内常呈灰白色并长有污点，无铰合齿。背角无齿蚌的生殖季节一般在夏季，精、卵在外瓣鳃的鳃腔内受精，受精卵留在鳃腔中发育，钩介幼虫在4～5月排出体外，寄生在鱼体上，逐渐发育成幼蚌而脱离鱼体，沉入水底营底栖生活。我国各地江河、湖沼中均有分布，俗称"河蚌"。肉可食，可用为淡水育珠蚌，但珍珠的质量次于三角帆蚌及褶纹冠蚌所育的珍珠，壳可入药。

　　洪泽湖中主要分布在湖区湖滩、洼地及河沟等处，老子山、临淮头、半城、周桥等水域浅滩分布多。

扭蚌

中文学名	扭蚌	目	真瓣鳃目
拉丁学名	*Arconaia lanceolata*	科	蚌科
界	动物界	属	扭蚌属
门	软体动物门	种	扭蚌
纲	瓣鳃纲		

　　扭蚌贝壳中等大小，壳质厚，坚固，外形窄长成香蕉状，适当的膨胀，左右两壳不对称，贝壳后半部顺长轴向左方或右方扭转，略呈45°扭转。贝壳前缘略延长呈尖锐状突出，后部仲长而弯曲，末端在后背脊下呈钝角，前背缘直，后背缘略向下倾斜，腹缘直，中部凹入，后背脊明显，略呈角状。壳面呈灰褐色，略覆盖着绒毛状物质。常栖息于泥底或泥沙底的湖泊、河流内流水环境中，以腐殖质为食料。生活于硬底的个体小，而污泥底的个体大。为我国的特有物种，分布于安徽、浙江、江苏、江西、湖北、湖南等地。

　　洪泽湖中主要分布在湖区湖滩、洼地及河沟等处，以老子山、临淮头、半城、周桥等水域浅滩分布多。

洪泽湖水生经济生物图鉴

HONGZE HU SHUISHENG JINGJI SHENGWU TUJIAN

巨首楔（qi）蚌

中文学名	巨首楔蚌	纲	瓣鳃纲
拉丁学名	*Cuneopsis capitata*	目	真瓣鳃目
别　称	老鸦嘴	科	蚌　科
界	动物界	属	楔蚌属
门	软体动物门	种	巨首楔蚌

　　巨首楔蚌壳厚大，前端宽圆，后端狭而稍尖，略呈楔形。壳面具粗生长线，壳顶饰有倒人字形或 W 形褶脊，后壳顶脊明显。假主齿短，片状齿长；闭肌痕 2 个，前深后浅。巨首楔蚌主要生活于泥底或泥沙底湖泊、河流以及多栖息急流水域中，是我国的特有物种。分布于安徽、浙江、江苏、江西、湖北、湖南等地。有一定的观赏性。

　　洪泽湖中主要分布在湖区湖滩、洼地及河沟等处，以老子山、周桥等水域浅滩分布多。

二十三、蚬科

河蚬（xian）

中文学名	河蚬	纲	瓣鳃纲
拉丁学名	*Corbicula fluminea*	目	真瓣鳃目
别　称	蚬、黄蚬、蟟仔、沙螺、沙蜊、蜊仔	科	蚬　科
界	动物界	属	蚬　属
门	软体动物门	种	河　蚬

　　河蚬贝壳呈圆底三角形，壳高与壳长相近似，两壳膨胀，壳顶高，稍偏向前方，壳面有光泽，有粗糙的环肋，韧带短，突出于壳外，铰合部发达。贝壳颜色因环境而异，常呈棕黄色、黄绿色或黑褐色。河蚬栖息于淡水的湖泊、沟渠、池塘及咸淡水交汇的江河中，穴居于水底泥土表层，以浮游生物为食料，生长快。河蚬3个月可达性成熟，一年四季皆可繁殖。性腺最丰满期是5～8月，生殖旺期是5～6月。河蚬的寿命约为5年。广泛分布于中国、朝鲜、日本及东南亚各国，中国各江河、湖泊均产。河蚬肉味鲜美，营养丰富。

　　洪泽湖地区渔民习惯称之为"小砚子"，主要分布在湖区湖滩、

洼地及河沟等处，老子山、临淮头、半城、蒋坝等水域浅滩分布多。已建成洪泽湖国家级河蚬水产种质资源保护区。洪泽湖鲜活河蚬品质优良，大量出口日本、韩国等地。

二十四、贻贝科

淡水壳菜

中文学名	淡水壳菜	纲	瓣鳃纲
拉丁学名	*Limnoperna lacustris* (Martens)	目	贻贝目
别　称	老鸦嘴	科	贻贝科
界	动物界	属	沼蛤属
门	软体动物门	种	淡水壳菜

　　淡水壳菜壳顶位于壳的前端，背缘弯曲，与后缘连成大弧形，腹缘平直，在足丝处内陷，由壳顶向后的部分壳面极凸出，形成一条龙骨，无铰合齿，无隔板。壳面棕褐色、黄绿色或深棕色，壳顶至两侧龙骨凸起间呈黄褐色，壳顶后部呈棕褐色。贝壳内面，自壳顶斜向腹缘末端呈紫罗兰色，其他部分淡蓝色，有光泽。淡水壳菜生活在水流较缓的流水环境，以足丝固着在水中物体和蚌壳上，繁殖期为2～9月，3～7月最盛。我国长江和汉江中下游都有分布。我国南方地区民众有食用此贝的习惯，也是禽类、鱼类的优良天然饵料。

　　洪泽湖中主要分布在湖区湖岸、湖滩、洼地及河沟等处。

二十五、田螺科

中国圆田螺

中文学名	中国圆田螺	纲	腹足纲
拉丁学名	*Cipangopaludina chinensis*	目	中腹足目
别　称	田螺、香螺、螺蛳	科	田螺科
界	动物界	属	圆田螺属
门	软体动物门	种	中国圆田螺

　　中国圆田螺螺壳近宽圆锥形，具6～7个螺层，每个螺层均向外膨胀，螺旋部的高度大于壳口高度，体螺层明显膨大。壳顶尖，壳质较厚，缝合线较深，壳面光滑无肋，呈黄褐色，壳口近卵圆形，边缘完整、薄，无显著的黑色框边。中国圆田螺生活于湖泊、河流、水库、池塘及稻田内，尤其喜栖息在水草茂盛的水域，以水生植物和低等藻类为食。幼螺生长至1年左右即达性成熟，春、夏季为繁殖季节，卵胎生，幼螺在雌体子宫内发育，长成仔螺后才排出体外。我国各地均有分布，而国外分布于朝鲜及北美居多。肉味鲜美，风味独特，营养丰富，净水作用明显。

　　洪泽湖地区渔民习惯称之为"螺蛳"，主要分布在湖区湖滩、洼地及河沟等处，以老子山、临淮头、半城、蒋坝、尚咀等水域浅滩分布多。

方型环棱螺

中文学名	方形环棱螺	纲	腹足纲
拉丁学名	*Bellamya quadrata*（Benson）	目	中腹足目
别　称	方田螺、螺蛳	科	田螺科
界	动物界	属	环棱螺属
门	软体动物门	种	方形环棱螺

　　方型环棱螺螺壳中等大小，圆锥形，坚厚，壳顶尖，螺层7层，缝合线深，体螺层略大，螺旋部较高，壳面黄褐色或深褐色，有明显的生长纹及较粗的螺棱。壳口卵圆形，边缘完整，其上有同心环状的生长纹，头和足缩入壳后其厣即将螺壳封闭。生活于河沟、湖泊、池沼及水田内，喜群集于有微流水之处。方形环棱螺食性杂，以水生植物嫩茎叶和有机碎屑等为食，喜夜间活动和摄食。方形环棱螺雌多雄少，每年4月开始繁殖，6～8月为生育旺季。方形环棱螺为卵胎生，受精卵的胚胎发育至仔螺发育都在雌螺体内进行。我国大部分地区均有分布。方形环棱螺具有食用、药用价值，也可作为鱼类、畜禽优质饲料。

　　洪泽湖地区渔民习惯称之为"螺蛳"，主要分布在湖区湖滩、洼地及河沟等处，老子山、临淮头、半城、蒋坝、尚咀等水域浅滩分布较多。

二十六、鳖科

中华鳖（bie）

中文学名	中华鳖	纲	爬行纲
拉丁学名	*Pelodiscus sinensis* Wiegmann	目	龟鳖目
别　称	鳖、甲鱼、元鱼、王八、团鱼、脚鱼、水鱼	科	鳖科
界	动物界	属	中华鳖属
门	脊索动物门	种	中华鳖

中华鳖头部粗大，前端略呈三角形，吻段延长呈管状，具长的肉质吻突。脖颈细长，呈圆筒状，伸缩自如，视觉敏锐。体躯扁平，呈椭圆形，背腹具甲，通体被柔软的革质皮，无角质盾片。背甲暗绿色或黄褐色，周边为肥厚的结缔组织，俗称"裙边"。尾部较短，四肢扁平，后肢比前肢发达，前后肢各有5趾，趾间有蹼，内侧3趾有锋利的爪，四肢均可缩入甲壳内。腹甲灰白色或黄白色，平坦光滑。中华鳖肉食性，以鱼、虾、软体动物等为食，耐饥饿，但贪食且残忍，寒冷的冬季会冬眠。中华鳖生活于江河、湖沼、池塘、水库等水流平缓、鱼虾繁生的淡水水域。中华鳖4～5月水中交配，待20 d产卵，多次性产卵，至8月结束，首次产卵4～6枚，在繁殖季节一般可产卵3～4次。中华鳖既有食用价值，也具有一定的药用价值。

洪泽湖中主要分布在湖滩、洼地及河沟等处。

二十七、龟科

乌 龟

中文学名	乌 龟	纲	爬行纲
拉丁学名	*Chinemys reevesii* (Gray)	目	龟鳖目
别 称	金龟、草龟、泥龟、山龟、花龟	科	龟 科
界	动物界	属	乌龟属
门	脊索动物门	种	乌 龟

乌龟背、腹均具硬壳，分块上有花纹，头、四肢和尾从龟壳边缘伸出，均能缩入壳内。壳略扁平，背腹甲固定而不可活动；肢略扁平，指间和趾间均具全蹼。乌龟属半水栖、半陆栖性爬行动物，杂食性，耐饥饿能力强，数月不食也不致饿死。乌龟为变温动物，水温降到10℃以下时，即静卧水底淤泥中冬眠，水温15℃时出穴活动，水温18℃以上时开始摄食。乌龟生长较慢，寿命长，可以存活100年以上。乌龟一般要到8龄以上性腺才成熟，10龄以上成熟良好，乌龟的交配时间开始于4月下旬，在陆地上产卵，产卵期是5～8月。大多数龟均为肉食性，以蠕虫、螺类、虾及小鱼等为食，亦食植物的茎叶。中国各地几乎均有乌龟分布，但以长江中下游地区为多，主要栖息于江河、湖泊、水库、池塘。乌龟肉营养丰富，并有一定的药用价值。

洪泽湖中主要分布于湖滩、洼地及河沟。

二十八、医蛭科

宽体金线蛭（zhi）

中文学名	宽体金线蛭	纲	蛭纲
拉丁学名	*Whitmania pigra*	目	颚蛭目
别　称	蚂蟥、水蛭	科	医蛭科（水蛭科）
界	动物界	属	金线蛭属
门	环节动物门	种	宽体金线蛭

　　宽体金线蛭体扁平、宽大，略呈纺锤形，长6～13cm,大的可达20cm,体宽1.3～2cm。全身柔软无骨骼，体环数107环,其中有15环的环带较明显，呈弧形排列的眼也有5对。体前端较尖,前吸盘相对较小，口内有颚，颚上有两行钝的齿板，后吸盘较大。背部有细密的黄黑斑点组成的纵线5条,中间的1条颜色较深且较明显,腹面杂有7条纵行的不规则茶褐色斑纹或斑点,其中中间2条较明显,整个腹部呈淡黄色。为冷血软体动物，喜吸食动物的血液或体液，以水中泥面腐殖质、浮游生物、小型昆虫为食。生活史中存在"性逆转"现象。生活在我国大部分地区的湖泊、水田和河流中。具较高的药用价值。

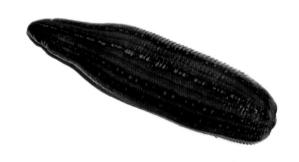

　　洪泽湖地区渔民习惯称之为"蚂蟥"，主要分布在湖区河沟、滩洼及湿地等处。

二十九、游蛇科

中国水蛇

中文学名	中国水蛇	纲	爬行纲
拉丁学名	*Enhydris chinensis*	目	蛇目
别　称	中华水蛇、泥蛇	科	游蛇科
界	动物界	属	水蛇属
门	脊索动物门	种	中国水蛇

中国水蛇为爬行动物，全长25～70cm，头小肚大，眼小，躯干圆柱形，尾较短。鼻间鳞1片，额鳞1片，上唇鳞7～8片，第4片入眼，眼前鳞1片，眼后鳞2片，颞颥鳞1+2，体鳞光滑，21(23)行，腹鳞128～154片，肛鳞二分，尾下鳞35～52对，左右鼻鳞相切，鼻孔背位。背面土黄色，散以略成纵行的黑点，两侧第1行背鳞黑色，第2、3行背鳞白色；腹面黄色，每一腹鳞的前缘有黑斑，尾部略侧扁。具后沟牙，对人无毒。2年性成熟，卵胎生，产仔期在4～7月，8～9月产仔蛇3～13条。白天及晚上均见活动，食性杂，以鱼、蛙为食物。一般生活于平原、丘陵或山麓的流溪、池塘、水田或水渠内。皮可制革，肉可食用，并具一定药用价值。

洪泽湖中主要分布于湖滩、洼地及河沟等处。

三十、蛙科

黑斑侧褶蛙

中文学名	黑斑侧褶蛙	纲	两栖纲
拉丁学名	*Pelophylax nigromaculata*	目	无尾目
别　称	青蛙、蛙、蛤蟆、田鸡	科	蛙　科
界	动物界	属	侧褶蛙属
门	脊索动物门	种	黑斑侧褶蛙

　　黑斑侧褶蛙属两栖类动物，善于游泳，生活史中分为两个阶段，第一阶段是蝌蚪，用鳃呼吸，经过变异，去尾进入第二阶段成体，成体主要用肺呼吸，兼用皮肤呼吸，雄蛙有气囊。成体身体可分为头、躯干和四肢3部分。成蛙头的两侧有2个略微鼓着的耳膜，可以听到声音；颈部不明显，无肋骨；前肢的尺骨与桡骨愈合，后肢的胫骨与腓骨愈合，因此爪不能灵活转动，但四肢肌肉发达；前脚上有4个趾，后脚上有5个趾，趾间全蹼，以适应游泳。背部绿色，光滑柔软，有花纹，腹部白色。成蛙分布于浅水、湿地，用舌头捕食，舌头上有黏液，以昆虫和其他无脊椎动物为主食。3～6月均能产卵，体外受精，卵呈块状，周边透明，内心似黑珍珠，卵常漂浮在水上、水草边等地，孵化成蝌蚪。成蛙吃各种有害昆虫，有益于农业。肉可食，也是常用的实验动物和药用动物。

　　洪泽湖地区习惯称之为"田鸡"，主要分布在湖滩、洼地及河沟。

第二部分 水生植物

据《洪泽湖志》记载，洪泽湖水生高等植物有81种，隶属于36科，61属。其中单子叶植物最多，有43种；双子叶植物有34种；蕨类植物4种。按生态类型分，有沉水植物13种，漂浮植物10种，挺水植物和湿生植物51种。

本书收录的是洪泽湖区主要优势水生植物及水生经济植物，包括莲、水芹、眼子菜、荇菜等28种。

一、禾本科

稗（bai）

中文学名	稗	纲	单子叶植物纲
拉丁学名	*Echinochloa crusgalli* (L.)Beauv.	目	禾本目
别　称	稗子、稗草、扁扁草	科	禾本科
界	植物界	属	稗　属
门	被子植物门	种	稗

一年生草本植物。须根庞大，茎丛生，光滑无毛。叶片主脉明显，叶片扁平、线形，长10～40cm，宽0.5～2cm，无毛，边缘粗糙。叶鞘光滑柔软，平滑无毛，下部者长于而上部者短于节间，无叶舌及叶耳。圆锥花序，小穗密集于穗轴一侧，颖果椭圆形、骨质、有光泽。繁殖力强，一株结籽可达1万粒，花果期7～9月。

洪泽湖地区俗称糁子，在洪泽湖周边都有分布，主要生长于湖滩和湿地。稗的适应性很强，喜水湿，耐干旱，是食草鱼类饲料之一。

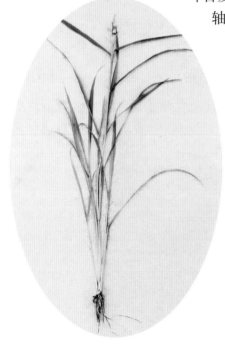

菰（gu）

中文学名	菰	纲	单子叶植物纲
拉丁学名	*Zizania caduciflora* (Turcz. et Trin.)Hand	目	禾本目
别　称	蒿草、茭草、茭瓜、茭笋、菰瓜	科	禾本科
界	植物界	属	菰属
门	被子植物门	种	菰

菰为多年生挺水型草本植物。根为须根，地下茎为匍匐茎，地上茎呈短缩状，地上茎可产生23次分蘖，形成蘖枝丛。秆直立，粗壮，基部有不定根，主茎和分蘖枝进入生殖生

长后，基部如有茭白黑粉菌寄生，则不能正常生长，形成椭圆形或近圆形的肉质茎。叶片扁平，长披针形，先端芒状渐尖，基部微收或渐窄，一般表面和边缘粗糙，背面光滑，叶鞘互相抱合形成"假茎"。颖果圆柱形，花果期在秋冬季。

洪泽湖地区俗称蒿草，在洪泽湖中分布有大量的野生菰，野生菰的种子可以食用。由菰选育而成的茭白，口感脆嫩，营养丰富，洪泽湖地区有少量的人工栽培。

芦 苇

中文学名	芦 苇	纲	单子叶植物纲
拉丁学名	*Phragmites communis* Trin.	目	禾本目
别 称	苇、芦、芦笋、蒹葭	科	禾本科
界	植物界	属	芦苇属
门	被子植物门	种	芦 苇

芦苇为多年生水生或湿生草本植物，根状茎十分发达。秆直立，高1～3m，具20多节，基部和上部的节间较短，节下被蜡粉。叶片披针状线形，长约30cm，宽2cm，无毛，顶端长、渐尖成丝状。圆锥花序大型，分枝多数，着生稠密下垂的小穗。小穗柄无毛，含4花，雄蕊花药长1.5～2mm，黄色，颖果长约1.5mm。花期为8～12月。

在洪泽湖中主要集中分布于湖西湿地，龙河、淮河口诸滩及成

子湖北岸，老子山附近丁滩、顺河滩、淮仁滩等碟形洼地的边缘高地。湖区东部洪泽湖大堤沿岸也有零星分布，常与水柳间杂生长。由于围湖造田等原因，芦苇滩的面积已经大大缩小。

二、莎草科

荸（bi）荠（qi）

中文学名	荸荠	纲	单子叶植物纲
拉丁学名	*Eleocharis tuberosa* Schult	目	莎草目
别　称	菩荠、马蹄、地栗	科	莎草科
界	植物界	属	荸荠属
门	被子植物门	种	荸荠

　　荸荠为多年湿生草本植物。匍匐根状茎细长，末端膨大成扁圆形球茎，黑褐色，有环节3～5圈，并有短鸟嘴状顶芽及侧芽。秆直立，丛生，光滑，圆柱状，有多数横隔膜。无叶片，在秆基部有2～3枚叶鞘。小穗圆柱状，顶生，淡绿色，有多数花。小坚果宽倒卵形，肩双凸状，顶端不缢缩，棕色，光滑，花柱基三角形，基部有领状的环，宽约为坚果的一半。花果期5～9月。

　　洪泽湖地区俗称菩荠，在洪泽湖浅水岸边分布有野生荸荠，地下球茎很小，一般无经济价值。目前经人工选育出来的荸荠有多个品种，俗称马蹄，洪泽湖地区有少量人工栽培。

藨（biao）草

中文学名	藨草	纲	单子叶植物纲
拉丁学名	*Scirpus triqueter* L.	目	莎草目
别　称	光棍草、三棱藨草、三棱草	科	莎草科
界	植物界	属	藨草属
门	被子植物门	种	藨草

　　藨草为多年生湿生草本植物，具长的匍匐根状茎，干枯时呈红棕色。秆散生，粗壮，三棱形，基部具2～3个叶鞘。叶鞘膜质，顶端叶鞘具叶片。叶片扁平，苞片1枚，侧枝聚伞形花序假侧生，有1～8个辐射枝，辐射枝三棱形，棱粗糙，长达5cm，每辐射枝顶有1～8个簇生的小穗。小穗卵形或长圆形，下位刚毛3～5条，与小坚果略等长，有倒刺。小坚果倒卵形，平凸状，成熟时褐色，具光泽。花果期6～9月。

　　在洪泽湖中主要生长于浅滩、湿地处。成片的藨草占优势的群落主要分布于临淮头的北面，老子山淮仁滩也有分布。常与浮萍、满江红伴生。

三、天南星科

菖 蒲

中文学名	菖 蒲	纲	单子叶植物纲
拉丁学名	*Acorus calamus* L.	目	天南星目
别 称	野菖蒲、白菖蒲、大菖蒲	科	天南星科
界	植物界	属	菖蒲属
门	被子植物门	种	菖蒲

菖蒲为多年生草本植物。根茎横走，稍扁，分枝，外皮黄褐色，芳香，肉质根及须根多数。叶基生，基部两侧膜质叶鞘宽4～5mm，向上渐狭。叶片剑状线形，基部宽、对褶，中部以上渐狭，草质，绿色，光亮，中肋在两面均明显隆起，侧脉3～5对，平行，纤弱，大都伸延至叶尖。花序柄三棱形，叶状佛焰苞剑状线形，肉穗花序斜向上或近直立，狭锥状圆柱形。花黄绿色，子房长圆柱形。浆果长圆形，红色。花期6～9月，果期8～10月。

在洪泽湖中主要分布于湖滩和湿地。洪泽湖区人民有在端午节用菖蒲叶和艾草煮水洗浴的习俗。

四、泽泻科

慈　姑

中文学名	慈　姑	纲	单子叶植物纲
拉丁学名	*Sagittaria trifolia* L.var. *sinensis* (Sims) Makino	目	沼生目
别　称	华夏慈姑	科	泽泻科
界	植物界	属	慈姑属
门	被子植物门	种	慈　姑

慈姑为多年生沼生草本植物。植株高大，粗壮，匍匐茎末端膨大呈球茎，球茎卵圆形或球形。叶片宽大，肥厚，顶裂片先端钝圆，卵形至宽卵形。圆锥花序高大，长20～60㎝，分枝1～3轮，着生于下部，具1～2轮雌花，主轴雌花3～4轮，位于侧枝之上；雄花多轮，生于上部，组成大型圆锥花序，果期常斜卧水中。果期花托扁球形，直径4～5mm，高约3mm。种子褐色，具小凸起。花果期7～9月。

在洪泽湖周边有野生慈姑分布。慈姑的人工选育和栽培有较长历史，20世纪90年代洪泽湖区有较大面积的人工栽培，近年来栽培面积有所减少。

五、眼子菜科

菹（zu）草

中文学名	菹草	纲	单子叶植物纲
拉丁学名	*Potamogeton crispus* L.	目	沼生目
别　称	虾藻、虾草、麦黄草	科	眼子菜科
界	植物界	属	眼子菜属
门	被子植物门	种	菹草

菹草为多年生沉水草本植物。具近圆柱形的根茎，茎稍扁，多分枝，近基部常匍匐湖底，于节处生出疏或稍密的须根。叶条形，无柄，叶缘呈浅波状，具疏或稍密的细锯齿，叶脉平行，顶端连接，托叶薄膜质，早落，休眠芽腋生。穗状花序顶生，花序梗棒状，较茎细。果实卵形，果喙长，向后稍弯曲。花果期4～7月。

洪泽湖地区俗称为麦黄草，主要分布于安河洼、大滩洼、剪草沟，尤其航道两边水域最多，呈块状或条状分布，常与荇菜、喜旱莲子草伴生。可做鱼饲料或绿肥，也是小水景中的良好绿化材料。

竹叶眼子菜

中文学名	竹叶眼子菜	纲	单子叶植物纲
拉丁学名	*Potamogeton malaianus* Miq.	目	沼生目
别　称	马来眼子菜、箬叶藻	科	眼子菜科
界	植物界	属	眼子菜属
门	被子植物门	种	竹叶眼子菜

竹叶眼子菜为多年生沉水草本植物。根茎发达，白色，节处生有须根。茎圆柱形，不分枝或具少数分枝，节间长可达10cm。叶条形或条状披针形，具长柄，多长于2cm，叶片先端钝圆而具小凸尖，基部钝圆或楔形，边缘浅波状，有细微的锯齿，中脉显著。穗状花序顶生，具花多轮，密集或稍密集，花序梗膨大，稍粗于茎，花小，绿色。果实倒卵形，两侧稍扁。花果期6～10月。

在洪泽湖大部分水域都有分布，主要分布于溧河洼、扬老洼、成子湖，呈片状或小块状分布。7～9月生长旺盛，伴生种类有荇菜、苦草、金鱼藻等。

篦（bi）齿眼子菜

中文学名	篦齿眼子菜	纲	单子叶植物纲
拉丁学名	*Potamogeton pectinatus* L.	目	沼生目
别　称	龙须眼子菜、红线儿萆	科	眼子菜科
界	植物界	属	眼子菜属
门	被子植物门	种	篦齿眼子菜

篦齿眼子菜为多年生沉水草本植物。根茎发达，白色，具分枝，常于春末夏初至秋季之间在根茎及其分枝的顶端形成长0.7～1cm小块茎状的卵形休眠芽体。茎近圆柱形，纤细，下部分枝稀疏，上部分枝稍密集。叶线形，先端渐尖或急尖，基部与托叶贴生成鞘，鞘绿色，边缘叠压而抱茎，顶端具长4～8mm的无色膜质小舌片。穗状花序顶生，果实倒卵形，顶端斜生长约0.3mm的喙，背部钝圆。花果期5～10月。

在洪泽湖中主要分布于其西部水域，常与马来眼子菜、菹草等伴生，是鲤、鲫、虾、蟹等产卵和育肥场所。

六、水鳖科

水鳖（bie）

中文学名	水　鳖	纲	单子叶植物纲
拉丁学名	*Hydrocharis dubia* (Bl.) Backer	目	水鳖目
别　称	马尿花、茚菜	科	水鳖科
界	植物界	属	水鳖属
门	被子植物门	种	水　鳖

水鳖为多年生水生飘浮草本植物。匍匐茎发达，具须根，顶端生芽，并可产生越冬芽。叶簇生，多漂浮，有时伸出水面。叶片心形或圆形，全缘，远轴面有蜂窝状贮气组织，并具气孔。雄花序腋生，雌佛焰苞小，苞内雌花1朵，花瓣3枚，白色，基部黄色，广倒卵形至圆形，雌花较雄花花瓣大，子房下位。果实浆果状，球形至倒卵形，具数条沟纹，种子多数，椭圆形，顶端渐尖。花果期8～10月。

在洪泽湖中分布面积较小，主要分布于溧河洼的杨子圩及其沿岸地带，老子山镇大兴滩、丁滩、淮仁滩也有分布。常与菹草、荇菜、聚草伴生，是鱼、禽、畜的好饲料，也可作水生花卉植物栽培。

罗氏轮叶黑藻

中文学名	罗氏轮叶黑藻	纲	单子叶植物纲
拉丁学名	*Hydrilla verticillata*（Linn.f.）Royle var. *rosburghii* Casp	目	水鳖目
别　称	温丝草、灯笼薇、转转薇	科	水鳖科
界	植物界	属	黑藻属
门	被子植物门	种	罗氏轮叶黑藻

罗氏轮叶黑藻为多年生沉水草本植物。茎较脆，直立细长，圆柱形，表面具有纵向细棱纹。休眠芽长卵圆形，芽苞片为卵圆形，边缘锯齿小而不明显，苞叶多数，螺旋状紧密排列，白色或淡黄绿色，狭披针形至披针形。叶3～8片轮生，常具紫红色或黑色小斑点，先端锐尖，边缘锯齿明显，无柄，具腋生小鳞片。花单性，雌雄同株或异株，雄花萼片、花瓣各3枚，白色。果实圆柱形，种子褐色，两端尖。花果期5～10月。

　　在洪泽湖中主要分布于成子湖区域，溧河洼、侯咀洼及各航道中也有分布。常与马来眼子菜、菹草等伴生，是虾、蟹喜食的优质青饲料。

苦 草

中文学名	苦 草	纲	单子叶植物纲
拉丁学名	*Vallisneria spiralis* L.	目	水鳖目
别　称	水韭菜、蓼萍草、扁草	科	水鳖科
界	植物界	属	苦草属
门	被子植物门	种	苦草

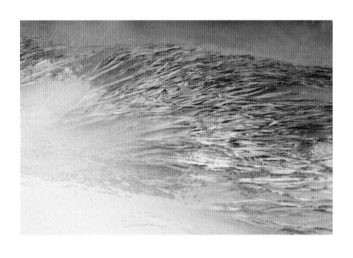

　　苦草为多年生无茎沉水草本。具匍匐茎，白色，光滑或稍粗糙。叶基生，线形或带形，绿色或略带紫红色，常具棕色条纹和斑点，先端圆钝，边缘全缘或具不明显的细锯齿，无叶柄。花单性，雌、雄异株，雄佛焰苞卵状圆锥形，成熟的雄花浮在水面开放；雌佛焰苞筒状，梗纤细，绿色或淡红色，长度随水深而改变，受精后螺旋状卷曲，雌花单生于佛焰苞内。果实圆柱形，种子倒长卵形，有腺毛状凸起。

　　洪泽湖地区俗称水韭菜，在洪泽湖大部分水域都有分布，主要分布于溧河洼、侯咀洼及各航道中，是草鱼、虾、蟹喜食的优质青饲料。

七、香蒲科

香 蒲

中文学名	香 蒲	纲	单子叶植物纲
拉丁学名	*Typha orientalis* Presl	目	香蒲目
别 称	东方香蒲	科	香蒲科
界	植物界	属	香蒲属
门	被子植物门	种	香 蒲

香蒲为多年生水生或沼生草本植物。根状茎乳白色，地上茎粗壮，向上渐细。叶片条形，光滑无毛，上部扁平，下部腹面微凹，背面逐渐隆起呈凸状，横切面呈半圆形，细胞间隙大，海绵状，叶鞘抱茎。雌雄花序紧密连接，雄花通常由3枚雄蕊组成，雌花无小苞片。小坚果椭圆形至长椭圆形，果皮具长形褐色斑点。种子褐色，微弯。花果期5～8月。

在洪泽湖浅水区有大量的香蒲，主要分布于临淮头西北的孟沟头至朱台子地区的滩地。香蒲地下抱合的嫩茎鲜美可口，是淮扬美食的一道名菜，俗称蒲儿菜。

八、浮萍科

紫背浮萍

中文学名	紫背浮萍	纲	单子叶植物纲
拉丁学名	*Spirodela polyrhiza* (L.) Schleid	目	天南星目
别　称	紫萍	科	浮萍科
界	植物界	属	紫萍属
门	被子植物门	种	紫背浮萍

　　紫背浮萍为多年生漂浮植物。叶状体倒卵状圆形，单生或2～5个簇生，表面绿色，背面紫色，具掌状脉5～11条，下面着生5～11条细根，白绿色，根冠尖，根基附近的一侧囊内形成圆形新芽，萌发后，幼小叶状体渐从囊内浮出，由一细弱的柄与母体相连。花单性，雌花1与雄花2同生于袋状的佛焰苞内。果实圆形，有翅缘。花期6～7月。

　　在洪泽湖沿岸滩头、网围等水体相对静止的水面上都有分布，常与芦苇、菰、荇菜等水生植物伴生，是草鱼喜爱的饲料。

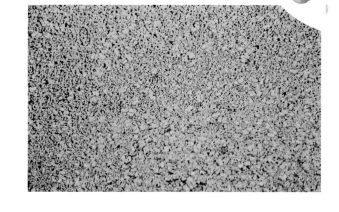

九、伞形科

水　芹

中文学名	水　芹	纲	双子叶植物纲
拉丁学名	*Oenanthe javanica* (Bl.) DC.	目	伞形目
别　称	野芹菜、水英、牛草、刀芹	科	伞形科
界	植物界	属	水芹属
门	被子植物门	种	水　芹

水芹为多年生草本植物。茎直立或基部匍匐。基生叶有柄，基部有叶鞘，叶片轮廓三角形，1～3回羽状分裂，末回裂片卵形至菱状披针形，边缘有牙齿状或圆齿状锯齿，茎上部叶无柄，裂片和基生叶的裂片相似，较小。复伞形花序顶生，花瓣白色，倒卵形，有一长而内折的小舌片。果实近于四角状椭圆形或筒状长圆形。花期6～7月，果期8～9月。

洪泽湖地区俗称野芹菜，在洪泽湖浅水岸边、圩堤分布有大量的野生水芹菜，洪泽湖区有春季采摘食用水芹菜的习惯。野生水芹菜的味道较重，适口性较差。洪泽湖地区20世纪五六十年代就开始人工种植水芹菜。

十、金鱼藻科

金 鱼 藻

中文学名	金鱼藻	纲	双子叶植物纲
拉丁学名	*Ceratophyllum demersum* L.	目	金鱼藻目
别　称	细草、鱼草、软草、松藻	科	金鱼藻科
界	植物界	属	金鱼藻属
门	被子植物门	种	金鱼藻

金鱼藻为多年生草本沉水植物。茎平滑细柔，有分枝，叶轮生，每轮6～8叶，无柄，叶片2歧或细裂，裂片线状，具刺状小齿。花小，单性，雌雄同株或异株，腋生，无花被，总苞片8～12，钻状，雄花具多数雄蕊，雌花具雌蕊1枚。子房长卵形，上位，1室，花柱呈钻状。小坚果，卵圆形，光滑，花柱宿存，基部具刺。花期6～7月，果期8～10月。

在洪泽湖中分布于静水区，分布面积较广，常与水鳖、马来眼子菜伴生，可做猪、鱼及家禽饲料。

十一、龙胆科

荇（xing）菜

中文学名	荇菜	纲	双子叶植物纲
拉丁学名	*Nymphoides peltatum* (Gmel.) O. Kuntze	目	龙胆目
别　称	莕菜、水荷叶	科	龙胆科
界	植物界	属	荇菜属
门	被子植物门	种	荇菜

荇菜为多年生水生草本植物。茎圆柱形，多分枝，密生褐色斑点，节下生根。上部叶对生，下部叶互生，叶片飘浮，近革质，圆形或卵圆形，基部心形，全缘，有不明显的掌状叶脉，叶背面紫褐色，密生腺体，粗糙，表面光滑。花序伞形簇生于叶腋，花黄色，花冠5深裂。蒴果无柄，椭圆形，成熟时不开裂。种子大，褐色，椭圆形，边缘密生纤毛。花果期4～10月。

在洪泽湖沿湖周边都有分布，成片分布于穆墩的猪圈滩、临淮头的放猪滩及尧兴滩等处。常与菰、莲等伴生，是庭院点缀水景的佳品，也是畜禽饲料。

十二、小二仙草科

穗状狐尾藻

中文学名	穗状狐尾藻	纲	双子叶植物纲
拉丁学名	*Myriophyllum spicatum* L.	目	桃金娘目
别　称	泥茜、聚草	科	小二仙草科
界	植物界	属	狐尾藻属
门	被子植物门	种	穗状狐尾藻

　　穗状狐尾藻为多年生沉水草本植物。根状茎发达，在水底泥中蔓延，节部具须根，茎圆柱形，长可达1～2m，常分枝。叶通常4～6枚轮生，无柄，丝状全裂。穗状花序浮于水上，顶生或腋生，花两性或单性，雌雄同株，常4朵轮生，若单性花则雄花生于花序上部，雌花生于下部。果实卵圆形，有4条纵裂隙。花果期4～9月。

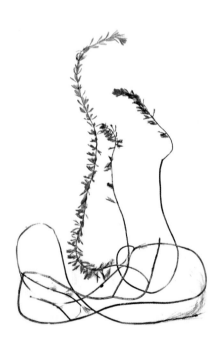

　　在洪泽湖大部分水域都有分布，以溧河洼、大滩洼、成子湖沿岸较多，伴生种有菹草、荇菜、马来眼子菜等，是草鱼、鲤、鲫、鳊等鱼类产卵、育肥场所。

洪泽湖水生经济生物图鉴

HONGZE HU SHUISHENG JINGJI SHENGWU TUJIAN

十三、菱科

菱

中文学名	菱	纲	双子叶植物纲
拉丁学名	*Trapa japonica* Fler.	目	姚金娘目
别　称	菱角、风菱、乌菱、菱实	科	菱　科
界	植物界	属	菱　属
门	被子植物门	种	菱

菱为一年生浮水水生草本。根两种形态，着泥根着生水底如细铁丝状，同化根羽状细裂，裂片丝状。叶互生，聚生于主茎或分枝茎的顶端，叶片菱圆形或三角状菱圆形，表面深亮绿色，背面灰褐色或绿色，沉水叶小，早落。花小，单生于叶腋，两性，花瓣4枚，白色，花盘鸡冠状。果三角状菱形，表面具淡灰色长毛，腰角位置无刺角，果喙不明显，内具1白种子。花期5～10月，果期7～11月。

在洪泽湖中分布有大量的野生菱角，多是四角菱，果实小，渔民采收其成熟果实，加工成干菱米上市。过去是渔民的部分口粮，现在是冬季进补的佳品。

十四、睡莲科

莲

中文学名	莲	纲	双子叶植物纲
拉丁学名	*Nelumbo nucifera* Gaerth	目	毛茛目
别　称	莲花、荷花、芙蓉	科	睡莲科
界	植物界	属	莲　属
门	被子植物门	种	莲

莲为多年生挺水草本植物。根状茎横走，粗而肥厚，节间膨大，内有纵横通气孔道，节部缢缩。叶基生，圆形，高出水面，有长叶柄，具刺，成盾状生长，波状边缘，上面深绿色，下面浅绿色。花单生，椭圆花瓣多数，白色或粉红色，花柄长1～2m，花托在果期膨大，海绵质。坚果椭圆形或卵圆形，灰褐色，种子卵圆形，种皮红棕色。

在洪泽湖中广泛分布于浅水区。洪泽湖野生莲藕开红花，渔民主要采收莲籽和藕带上市。洪泽湖周边地区分布着大量的栽培莲藕，多开白花，洪泽湖地区有莲藕栽培、采收、销售的成熟市场。

芡（qian）实

中文学名	芡 实	纲	双子叶植物纲
拉丁学名	*Euryale ferox* Salisb	目	毛茛目
别 称	鸡头、鸡头莲、鸡头荷	科	睡莲科
界	植物界	属	芡 属
门	被子植物门	种	芡 实

芡实为一年生水生草本植物。叶漂浮，革质，圆形或稍带心脏形，边缘向上折，上面多皱折，有或无弯缺，全缘，背面紫色，叶柄和花梗粗壮，皆有硬刺。花单生在花梗顶端，部分露于水面，萼片4，披针形，花瓣多数，紫红色，矩圆披针形或条状椭圆形，子房下位。浆果球形，海绵质，紫红色，密生有刺。种子球形，褐色。花期7～8月，果期8～9月。

洪泽湖地区俗称鸡头，开紫花，果实有刺，渔民采收其成熟种子加工成干芡米（鸡头米）上市，过去是渔民的部分口粮，现在是冬季进补的佳品。近年来洪泽湖湖区引进了无刺苏芡进行人工栽培，因效益较高，已逐渐形成苏芡生产、加工、销售的全国集散地。

十五、苋科

空心莲子草

中文学名	空心莲子草	纲	双子叶植物纲
拉丁学名	*Alternanthera philoxeroides* (Mart.) Griseb.	目	石竹目
别　称	水花生、喜旱莲子草、空心苋	科	苋　科
界	植物界	属	莲子草属
门	被子植物门	种	空心莲子草

　　空心莲子草为多年生宿根性草本植物。茎基部匍匐，上部直立，管状，有不明显4棱，具分枝。幼茎及叶腋有白色或锈色柔毛，茎老时无毛，仅在两侧纵沟内保留。叶片矩圆形、矩圆状倒卵形或倒卵状披针形，顶端急尖或圆钝，具短尖，基部渐狭，全缘，两面无毛或表面有贴生毛及缘毛，背面有颗粒状突起，叶柄无毛或微有柔毛。花密生，成具总花梗的头状花序，单生在叶腋，球形。子房倒卵形，具短柄，背面侧扁，顶端圆形。花期5～10月。

　　洪泽湖地区俗称水花生，在洪泽湖大部分静水水域都有分布，常与芦苇、金鱼藻等伴生，能为虾、蟹等提供栖息场所，也可作畜禽饲料。

十六、杨柳科

柳　树

中文学名	柳　树	纲	双子叶植物纲
拉丁学名	*Salix babylonica* L.	目	杨柳目
别　称	水柳、垂杨柳、清明柳	科	杨柳科
界	植物界	属	柳　属
门	被子植物门	种	柳　树

　　柳树为落叶大乔木。柳枝细长，柔软下垂，性喜湿地，生长迅速。树皮组织厚，纵裂，老龄树干中心多朽腐而中空。枝条细长而低垂，褐绿色，无毛，冬芽线形，密生于枝条。叶互生，线状披针形，两端尖削，边缘具腺状小锯齿，表面浓绿色，背面为灰绿白色，两面均平滑无毛，具托叶。叶后开花，雄花序为荑荑花序，有短梗，略弯曲。果实为蒴果，成熟后2瓣裂，内藏种子多枚，种子上具有一丛绵毛。扦插繁殖。花期2～3月。

　　洪泽湖地区把长在水边湿地的柳树俗称水柳，主要分布在淮河口两侧，常与芦苇间杂生长。当水柳、芦苇成为优势种群时，一片郁郁葱葱，历史上为群众柴草砍伐区，称之为柴草滩。

十七、旋花科

蕹（weng）菜

中文学名	蕹菜	纲	双子叶植物纲
拉丁学名	*Lpomoea aquatica* Forsk.	目	茄目
别　称	空心菜、蕹菜、通菜	科	旋花科
界	植物界	属	番薯属
门	被子植物门	种	蕹菜

　　蕹菜为一年生草本植物。茎圆柱形，有节，节间中空，节上生根，无毛。叶片形状、大小有变化，卵形、长卵形、长卵状披针形或披针形，顶端锐尖或渐尖，具小短尖头，基部心形、戟形或箭形，全缘或波状，或有时基部有少数粗齿，两面近无毛或偶有稀疏柔毛，叶柄无毛。聚伞花序腋生，花冠白色、淡红色或紫红色，漏斗状，子房圆锥状，蒴果卵球形至球形。花期7～9月。

　　洪泽湖地区俗称空心菜，在洪泽湖浅水岸边、圩堤分布有野生蕹菜，可以采摘食用。野生蕹菜有陆生型和水生型两种，目前陆生型蕹菜已有多个栽培品种，水生型蕹菜是水环境改良的重要植物之一。

十八、菊科

蒌（lou）蒿（hao）

中文学名	蒌蒿	纲	双子叶植物纲
拉丁学名	*Artemisia selengensis* Turcz. ex Bess.	目	桔梗目
别　称	芦蒿、水艾、香艾、水蒿	科	菊　科
界	植物界	属	蒿　属
门	被子植物门	种	蒌　蒿

　　蒌蒿为多年生草本植物。植株具清香气味，主根不明显或稍明显，具多数侧根与纤维状须根，根状茎稍粗，直立或斜向上，有匍匐地下茎。茎直立，无毛，常紫红色，上部有直立的花序枝。下部叶在花期枯萎，中部叶密集，羽状深裂，宽约为长的一半，上部叶三裂或不裂，或线形而全缘。头状花序，钟形，花黄色，外层花雌性，内层两性。瘦果长圆形，褐色，无毛。花果期7～10月。

　　在洪泽湖浅水岸边、圩堤分布有大量的野生蒌蒿，洪泽湖区有春季采挖蒌蒿根食用的习惯。近年来，洪泽湖地区开始用大棚设施大量种植蒌蒿，四季供应，逐渐成为市场上一种常见蔬菜。

十九、三白草科

蕺（jí）菜

中文学名	蕺菜	纲	双子叶植物纲
拉丁学名	*Houttuynia cordate* Thunb.	目	胡椒目
别　称	鱼腥草	科	三白草科
界	植物界	属	蕺菜属
门	被子植物门	种	蕺菜

　　蕺菜为多年生草本植物，喜阴怕强光，喜温暖潮湿环境，常群生。茎叶有腥臭味，地上茎直立，常带紫红色，地下茎匍匐状，节上轮生小根。叶互生，具柄，有腺点，背面尤甚，心形或阔卵形，顶端渐尖，基部心形，两面有时除叶脉被毛外余均无毛，背面常呈紫红色。穗状花序顶生或与叶对生，基部有4片白色花瓣状的苞片。蒴果顶端具宿存的花柱，种子卵圆形。花期4～8月。

　　洪泽湖地区俗称鱼腥草，在洪泽湖浅水湿地地区有分布。全株可入药，有清热、解毒、利水之功效，嫩根茎可食。

二十、槐叶苹科

槐 叶 苹

中文学名	槐叶苹	纲	薄囊蕨纲
拉丁学名	*Salvinia natans*（L.）All.	目	槐叶苹目
别　称	槐叶萍、蜈蚣萍、山椒藻	科	槐叶苹科
界	植物界	属	槐叶苹属
门	蕨类植物门	种	槐叶苹

槐叶苹为无根性植物，水下根状体为沉水叶。茎细长，横走，密被褐色节状短毛。叶3片轮生，2片漂浮水面，1片细裂如丝，在水中形成假根，密生有节的粗毛。水面叶在茎两侧紧密排列，形如槐叶，叶片长圆形或椭圆形，先端钝圆形，基部圆形或略呈心形，中脉明显，侧脉约20对，脉间有5～9个突起，突起上生一簇粗短毛，全缘，表面绿色，背面灰褐色，生有节的粗短毛，叶柄长约2mm。孢子果4～8枚，聚生于沉水叶的基部。

在洪泽湖中主要分布于安河洼口、杨圩子到溧河洼口地区的静水水域上，常与菱、荇菜、水鳖等伴生。

湖上虎頭魚鮮美頂呱呱楊柳涸蘭葦後很難見到它

洪澤湖香楊柳開花不見虎頭魚的民諺故記之

歲在甲戌穀雨時節 裴翠華筆記

第三部分　鸟　类

经调查发现，洪泽湖有各种鸟类146种，分属15目43科85属，旅鸟62种，冬候鸟31种，留鸟27种，夏候鸟26种。其中属国家I类重点保护的有大鸨、东方白鹳、黑鹳和丹顶鹤等4种；II类重点保护的有：鸳鸯、白尾鹞、赤腹鹰、小天鹅、白琵鹭、鹊鹞、红隼、黑耳鸢等26种。

本书收录的是洪泽湖的优势鸟类及国家二级保护以上的候鸟和留鸟，包括大鸨、东方白鹳、白额雁、红嘴鸥等25种。

一、鸨科

大鸨（bao）

中文学名	大鸨	目	鹤形目
拉丁学名	*Otis tarda*	科	鸨科
别　称	地鵏(bu)、老鸨、独豹、野雁	属	鸨属
界	动物界	种	大鸨
门	脊索动物门	命名者及年代	Linnaeus, 1758
亚门	脊椎动物亚门	英文名称	Great Bustard
纲	鸟纲		

大鸨雌、雄体形和羽色相似，但雌鸟较小。繁殖期的雄鸟前颈及上胸呈蓝灰色，头顶中央从嘴基到枕部有一黑褐色纵纹，颏、喉及嘴角有细长的白色纤羽，在喉侧向外突出如须。颏和上喉灰白色沾淡锈色，后颈基部栗棕色，上体栗棕色满布黑色粗横斑和黑色虫蠹状细横斑。初级飞羽和次级飞羽黑褐色，具白色羽基。大覆羽和大部分三级飞羽白色，中覆羽和小覆羽灰色，具白色端斑。前胸两侧具宽阔的栗棕色横带，下体余部白色。中央尾羽栗棕色，先端白色，具稀疏黑色横斑。尾羽的白色部分向两侧依次扩展，最外侧尾羽几乎全为纯白色，仅具黑色端斑。腿和趾灰褐色或绿褐色，爪黑色。

大鸨为国家一级保护鸟类，在洪泽湖地区为冬候鸟。

二、鹳科

黑鹳（guan）

中文学名	黑 鹳	目	鹳形目
拉丁学名	*Ciconia nigra*	科	鹳 科
别 称	黑老鹳、乌鹳、锅鹳	属	鹳 属
界	动物界	种	黑 鹳
门	脊索动物门	命名者及年代	Linnaeus, 1758
亚 门	脊椎动物亚门	英文名称	Black Stork
纲	鸟 纲		

黑鹳雌、雄体形相似，成鸟嘴长而直，基部较粗，往先端逐渐变细。鼻孔小，呈裂缝状。脚甚长，胫下部裸出，前趾基部间具蹼，爪钝而短。头、颈、上体和上胸黑色，颈具辉亮的绿色光泽。背、肩和翅具紫色和青铜色光泽，胸亦有紫色和绿色光泽。前颈下部羽毛延长，形成相当蓬松的颈领，在求偶期间和四周温度较低时能竖直起来。下胸、腹、两胁和尾下覆羽白色。虹膜褐色或黑色，嘴红色，尖端较淡，眼周裸露皮肤和脚亦为红色。

黑鹳为国家一级保护鸟类，在洪泽湖地区为冬候鸟。

东方白鹳

中文学名	东方白鹳	目	鹳形目
拉丁学名	*Ciconia boyciana*	科	鹳科
别　称	老鹳	属	鹳属
界	动物界	种	东方白鹳
门	脊索动物门	命名者及年代	Swinhoe, 1873
亚　门	脊椎动物亚门	英文名称	Oriental White Stork
纲	鸟纲		

　　东方白鹳是一种大型的涉禽，体态优美。嘴长而粗壮、坚硬，呈黑色，仅基部缀有淡紫色或深红色，嘴的基部较厚，往尖端逐渐变细，并且略微向上翘。眼睛周围、眼线和喉部的裸露皮肤朱红色，眼睛内的虹膜为粉红色，外圈为黑色。身体上的羽毛主要为纯白色。翅膀宽而长，上面的大覆羽、初级覆羽、初级飞羽和次级飞羽均为黑色，并具有绿色或紫色的光泽。东方白鹳幼鸟和成鸟相似，但飞羽羽色较淡，呈褐色，金属光泽亦较弱。

　　东方白鹳为国家一级保护鸟类，在洪泽湖地区为冬候鸟。

三、鹤科

丹 顶 鹤

中文学名	丹顶鹤	目	鹤形目
拉丁学名	*Grus japonensis*	科	鹤 科
别 称	仙鹤、红冠鹤	属	鹤 属
界	动物界	种	丹顶鹤
门	脊索动物门	命名者及年代	Müller, 1776
亚 门	脊椎动物亚门	英文名称	Red-crowned Crane
纲	鸟 纲		

　　丹顶鹤体长约160cm，翼展240cm，体重约10kg。全身几纯白色，头顶裸露无羽、呈朱红色，额和眼先微具黑羽，眼后方耳羽至枕白色，颊、喉和颈黑色。嘴较长，呈淡绿灰色。颈、腿也都很长。两翅中间长而弯曲的三级飞羽为黑色。雌、雄相似。

　　丹顶鹤的骨骼外坚内空，强度大。迁徙时常常结成较大的群体，时速可达40km左右，飞行高度可以超过5 400m以上，边飞边鸣。

　　丹顶鹤为国家一级保护鸟类，在洪泽湖地区为冬候鸟。

四、鸭科

小 天 鹅

中文学名	小天鹅	目	雁行目
拉丁学名	*Cygnus columbianus*	科	鸭科
界	动物界	属	天鹅属
门	脊索动物门	种	小天鹅
亚门	脊椎动物亚门	命名者及年代	Bechstein, 1803
纲	鸟纲	英文名	Tundra Swan

　　小天鹅为大型鸟类，全身羽毛白色，嘴黑色，基部有黄斑，脚黑色。身体丰满，双脚短粗，趾间有蹼。脖子很长，几乎与身体一样长。性情和顺，成群活动，善于飞翔和游泳，也能在地面行走，飞行时头部向前伸，脚伸向腹部后方。白天鹅主要生活在多芦苇的湖泊中，以水生植物的根、茎、叶、种子，及软体动物、昆虫、蚯蚓等为食。

　　小天鹅属国家二级保护动物，在洪泽湖地区冬季可见集群，冬候鸟。

鸳　鸯

中文学名	鸳　鸯	纲	鸟　纲
拉丁学名	*Aix galericulata*	目	雁形目
别　称	乌仁哈钦、官鸭、匹鸟、邓木鸟	科	鸭　科
界	动物界	属	鸳鸯属
门	脊索动物门	命名者及年代	Linnaeus, 1758
亚　门	脊椎动物亚门	英文名称	Mandarin Duck

　　鸳鸯是小型游禽，雄鸟额和头顶中央翠绿色，并具金属光泽。枕部铜赤色，与后颈的暗紫绿色长羽组成羽冠。眉纹白色，宽且长，并向后延伸构成羽冠的一部分。眼先淡黄色，颊部具棕栗色斑，眼上方和耳羽棕白色，颈侧具长矛形的辉栗色领羽。雄鸟嘴暗红色，尖端白色。雌鸟头和后颈灰褐色，无冠羽，眼周白色，其后一条白纹与眼周白圈相连，形成特有的白色眉纹。上体灰褐色，两翅和雄鸟相似，但无金属光泽和帆状直立羽。雌鸟嘴褐色至粉红色，嘴基白色。颏、喉白色，胸、胸侧和两胁暗棕褐色，杂有淡色斑点。腹和尾下覆羽白色。虹膜褐色。脚橙黄色。

　　鸳鸯为国家二级保护鸟类，在洪泽湖地区为冬候鸟。

绿 头 鸭

中文学名	绿头鸭	目	雁形目
拉丁学名	*Anas platyrhynchos*	科	鸭科
别　称	大绿头、大麻鸭	属	河鸭属
界	动物界	种	绿头鸭
门	脊索动物门	命名者及年代	Linnaeus, 1758
纲	鸟　纲	英文名称	Mallard

　　绿头鸭是水鸟的典型代表。雄鸟嘴黄绿色，脚橙黄色，头和颈辉绿色，颈部有一明显的白色领环。上体黑褐色，腰和尾上覆羽黑色，两对中央尾羽亦为黑色，且向上卷曲成钩状；外侧尾羽白色。胸栗色，翅、两胁和腹灰白色，具紫蓝色翼镜。雌鸭嘴黑褐色，嘴端暗棕黄色，脚橙黄色，具紫蓝色翼镜及翼镜前后缘宽阔的白边等特征。通常栖息于淡水湖畔，亦成群活动于江河、湖泊、水库等水域。游泳时尾露出水面，善于在水中觅食、戏水和求偶交配。以植物为主食，也食无脊椎动物和甲壳动物。

　　在洪泽湖地区，绿头鸭种群丰富，数量庞大，是主要水鸟之一。

五、鹮科

白 琵 鹭

中文学名	白琵鹭	目	鹳形目
拉丁学名	*Platalea leucorodia*	科	鹮　科
别　称	琵琶嘴鹭、琵琶鹭	属	琵鹭属
界	动物界	种	白琵鹭
门	脊索动物门	命名者及年代	Linnaeus, 1758
纲	鸟　纲	英文名称	Eurasian Spoonbill

　　白琵鹭嘴长而直，上下扁平，前端扩大呈匙状，黑色，端部黄色。脚亦较长，黑色，胫下部裸出。夏羽全身白色，头后枕部具长的发丝状冠羽、橙黄色，前额下部具橙黄色颈环，颏和上喉裸露无羽、橙黄色。冬羽和夏羽相似，全身白色，头后枕部无羽冠，前颈下部亦无橙黄色颈环。虹膜暗黄色。嘴黑色，前端黄色，幼鸟全为黄色，杂以黑斑。眼先、眼周、脸和喉裸出皮肤黄色，脚黑色。

　　白琵鹭为国家二级保护鸟类，在洪泽湖地区为旅鸟或冬候鸟。

六、鹗科

鹗

中文学名	鹗	目	隼形目
拉丁学名	*Pandion haliaetus*	科	鹗科
别　称	鱼鹰、鱼雕、鱼江鸟	属	鹗属
界	动物界	种	鹗
门	脊索动物门	命名者及年代	Linnaeus, 1758
亚门	脊椎动物亚门	英文名称	Osprey
纲	鸟纲		

鹗为中型猛禽，头部白色，头顶具有黑褐色的纵纹，枕部的羽毛稍微呈披针形延长，形成一个短的羽冠。头的侧面有一条宽阔的黑带，从前额的基部经过眼睛到后颈部，并与后颈的黑色融为一体。上体为沙褐色或灰褐色，略微有紫色的光泽。下体为白色，颊部、喉部微具细的暗褐色羽干纹，胸部具有赤褐色的斑纹。飞翔时两翅狭长，不能伸直，翼角向后弯曲成一定的角度，常在水面的上空翱翔盘旋。从下面看，白色的下体和翼下覆羽与翼角的黑斑、胸部的暗色纵纹和飞羽，以及尾羽上相间排列的横斑均极为醒目。

鹗为国家二级保护鸟类，在洪泽湖地区为旅鸟。

七、隼科

红隼（sun）

中文学名	红　隼	目	隼形目
拉丁学名	*Falco tinnunculus*	科	隼　科
别　称	茶隼、红鹰、黄鹰、红鹞子	属	隼　属
界	动物界	种	红　隼
门	脊索动物门	命名者及年代	Linnaeus, 1758
纲	鸟　纲	英文名称	Common Kestrel

　　红隼雄鸟头顶、头侧、后颈、颈侧蓝灰色，具纤细的黑色羽干纹。前额、眼先和细窄的眉纹棕白色，颏、喉乳白色或棕白色，胸、腹和两胁棕黄色或乳黄色，胸和上腹缀黑褐色细纵纹，下腹和两胁具黑褐色矢状或滴状斑，覆腿羽和尾下覆羽浅棕色或棕白色，尾羽下面银灰色，翅下覆羽和腋羽黄白色或淡黄褐色，具褐色点状横斑，飞羽下面白色，密被黑色横斑。雌鸟体型较大，上体棕红色，头顶至后颈以及颈侧具粗著的黑褐色羽干纹。背到尾上覆羽具粗著的黑褐色横斑。尾亦为棕红色。

　　红隼为国家二级保护鸟类，在洪泽湖地区为留鸟。

黄 爪 隼

中文学名	黄爪隼	科	隼 科
拉丁学名	*Falco naumanni*	属	隼 属
界	动物界	种	黄爪隼
门	脊索动物门	命名者及年代	Fleischer, 1818
纲	鸟 纲	英文名称	Lesser Kestrel
目	隼形目		

　　黄爪隼为小型猛禽，体长29～32cm，体重124～225g。雄鸟、雌鸟及幼鸟体色有差异。雄鸟前额、眼先棕黄色，头顶、后颈、颈侧、头侧为淡蓝灰色，耳羽具棕黄色羽干纹。背、肩砖红色或棕黄色，无斑。颏、喉粉红白色或皮黄色，尾淡蓝灰色，具有一道宽阔的黑色次端斑和窄的白色端斑。雌鸟前额为污白色，具纤细的黑色羽干纹。眼上有一条白色眉纹，头、颈、肩、背及翅上覆羽棕黄色或淡栗色，具9～10道黑色横斑和宽的黑色次端斑及白色端斑。

　　黄爪隼为国家二级保护鸟类，在洪泽湖地区为旅鸟。

八、鹰科

黑耳鸢（yuan）

中文学名	黑耳鸢	科	鹰科
拉丁学名	*Milvus lineatus*	亚科	齿鹰亚科
别　称	老雕、老鸢、鸡屎鹰、麻鹰	**属**	鸢属
界	动物界	种	黑耳鸢
门	脊索动物门	命名者及年代	Gray, 1831
纲	鸟纲	英文名称	Black-eared Kite
目	隼形目		

　　黑耳鸢是中型猛禽。前额基部和眼先灰白色，耳羽黑褐色，头顶至后颈棕褐色，具黑褐色羽干纹。上体暗褐色，微具紫色光泽和不甚明显的暗色细横纹和淡色端缘，尾棕褐色，呈浅叉状，其上具有宽度相等的黑色和褐色横带呈相间排列，翅上中覆羽和小覆羽淡褐色，初级覆羽和大覆羽黑褐色，次级飞羽暗褐色，下体颏、颊和喉灰白色，胸、腹及两胁暗棕褐色，具粗著的黑褐色羽干纹。

　　黑耳鸢为国家二级保护鸟类，在洪泽湖地区为留鸟。

苍 鹰

中文学名	苍 鹰	目	隼形目
拉丁学名	*Accipiter gentilis*	科	鹰科
别 称	鹰、牙鹰、黄鹰、鹞鹰、元鹰	属	鹰属
界	动物界	种	苍鹰
门	脊索动物门	命名者及年代	Linnaeus, 1758
纲	鸟纲	英文名称	Northern Goshawk

苍鹰成鸟前额、头顶、枕和头侧黑褐色,颈部羽基白色。眉纹白而具黑色羽干纹,耳羽黑色,上体到尾灰褐色。飞羽有暗褐色横斑,内翈基部有白色块斑,初级飞羽第4枚最长,第2～6枚外翈有缺刻,第1～5枚内翈有缺刻。尾灰褐色,具3～5道黑褐色横斑。喉部有黑褐色细纹及暗褐色斑。胸、腹、两胁和覆腿羽布满较细的横纹,羽干黑褐色。肛周和尾下覆羽白色,有少许褐色横斑。虹膜金黄或黄色,蜡膜黄绿色。嘴黑基部沾蓝,脚和趾黄色,爪黑色,跗蹠前后缘均为盾状鳞。

苍鹰为国家二级保护鸟类,在洪泽湖地区为旅鸟。

赤腹鹰

中文学名	赤腹鹰	目	隼形目
拉丁学名	*Accipiter soloensis*	科	鹰科
别　称	鹅鹰、红鼻士排鲁鹞、鸽子鹰	属	鹰属
界	动物界	种	赤腹鹰
门	脊索动物门	命名者及年代	Horsfield, 1821
纲	鸟纲	英文名称	Chinese Goshawk

　　赤腹鹰为中等体型的鹰类。成鸟上体淡蓝灰，下体色甚浅。背部羽尖略具白色，外侧尾羽具不明显黑色横斑。胸及两胁略沾粉色，两胁具浅灰色横纹，腿上也略具横纹。成鸟翼下除初级飞羽羽端黑色外，几乎全白。亚成鸟上体褐色，尾具深色横斑，下体白，喉具纵纹，胸部及腿上具褐色横斑。虹膜红或褐色，嘴灰色，端黑，蜡膜橘黄，脚橘黄。

　　赤腹鹰为国家二级保护鸟类，在洪泽湖地区为夏候鸟。

雀 鹰

中文学名	雀鹰	科	鹰科
拉丁学名	*Accipiter nisus*	属	鹰属
界	动物界	种	雀鹰
门	脊索动物门	命名者及年代	Linnaeus, 1758
纲	鸟纲	英文名称	Eurasian Sparrow Hawk
目	隼形目		

雀鹰雄鸟上体鼠灰色或暗灰色，头顶、枕和后颈较暗，前额微缀棕色，后颈羽基白色，常显露于外，其余上体自背至尾上覆羽暗灰色。尾上覆羽羽端有时缀有白色，尾羽灰褐色，初级飞羽暗褐色，次级飞羽外翈青灰色，内翈白色而具暗褐色横斑。翅上覆羽暗灰色，眼先灰色，具黑色刚毛，有的具白色眉纹，头侧和脸棕色，具暗色羽干纹。下体白色，胸、腹和两胁具红褐色或暗褐色细横斑，尾下覆羽亦为白色，翅下覆羽和腋羽白色或乳白色，尾羽下面亦具4～5道黑褐色横带。

雀鹰为国家二级保护鸟类，在洪泽湖地区为旅鸟。

普通鵟（kuang）

中文学名	普通鵟	科	鹰科
拉丁学名	*Buteo buteo*	亚科	鵟亚科
别称	鸡母鹞	属	鵟属
界	动物界	种	普通鵟
门	脊索动物门	命名者及年代	Linnaeus, 1758
纲	鸟纲	英文名称	Common Buzzard
目	隼形目		

普通鵟体色变化较大，有淡色型、棕色型和暗色型3种色型。淡色型上体多呈灰褐色，羽缘白色，微缀紫色光泽。头具窄的暗色羽缘，尾羽暗灰褐色，具数道不清晰的黑褐色横斑和灰白色端斑，羽基白色而沾棕色。暗色型全身黑褐色，两翅与肩较淡，羽缘灰褐。外侧5枚初级飞羽羽端黑褐色，内翈乳黄色，其余飞羽黑褐色，内翈羽缘灰白色。尾羽棕褐色，具暗褐色横斑和灰白色端斑。棕色型上体包括两翅棕褐色，羽端淡褐色或白色，小覆羽栗褐色，飞羽较暗色型稍淡，尾羽棕褐色，羽端黄褐色，亚端斑深褐色，往尾基部横斑逐渐不清晰，代之以灰白色斑纹。

普通鵟为国家二级保护鸟类，在洪泽湖地区为冬候鸟。

白尾鹞（yao）

中文学名	白尾鹞	目	隼形目
拉丁学名	*Circus cyaneus*	科	鹰科
别　称	灰泽鹞、灰鹰、白抓、灰鹞、鸡鸟	属	鹞属
界	动物界	种	白尾鹞
门	脊索动物门	命名者及年代	Linnaeus, 1766
亚　门	脊椎动物亚门	英文名称	Hen Harrier
纲	鸟纲		

　　白尾鹞雄鸟前额污灰白色，头顶灰褐色，具暗色羽干纹，后头暗褐色，具棕黄色羽缘，耳羽后下方往下有一圈蓬松而稍卷曲的羽毛形成的皱领，后颈蓝灰色，常缀以褐色或黄褐色羽缘。背、肩、腰蓝灰色，有时微沾褐色。尾上覆羽纯白色，中央尾羽银灰色，横斑不明显。翅两对蓝灰色，具暗灰色横斑，外侧尾羽白色，杂以暗灰褐色横斑。翅上覆羽银灰色，外侧1～6枚初级飞羽黑褐色，内翈基部白色，外翈羽缘和先端灰色，其余初级飞羽、次级飞羽和三级飞羽均为银灰色，内翈羽缘白色。下体颏、喉和上胸蓝灰色，其余下体纯白色。

　　白尾鹞为国家二级保护鸟类，在洪泽湖地区为旅鸟。

鹊鹞

中文学名	鹊鹞	目	隼形目
拉丁学名	*Circus melanoleucos*	科	鹰科
别称	喜鹊鹞、喜鹊鹰、黑白尾鹞、花泽鵟	亚科	鹞亚科
界	动物界	属	鹞属
门	脊索动物门	种	鹊鹞
亚门	脊椎动物亚门	英文名称	Pied Harrier
纲	鸟纲		

　　鹊鹞是体型略小而两翼细长的鹞。雄鸟体羽黑、白及灰色，头、喉及胸部黑色而无纵纹。雌鸟上体褐色沾灰并具纵纹，腰白，尾具横斑，下体皮黄具棕色纵纹。飞羽下面具近黑色横斑。亚成鸟上体深褐，尾上覆羽具苍白色横带，下体栗褐色并具黄褐色纵纹。虹膜黄色，嘴角质色，脚黄色。鹊鹞的体色比较独特，与其他鹞类不同，头部、颈部、背部和胸部均为黑色，尾上的覆羽为白色，尾羽为灰色，翅膀上有白斑，下胸部至尾下覆羽和腋羽为白色，站立时外形很像喜鹊，所以得名。

　　鹊鹞为国家二级保护鸟类，在洪泽湖地区为旅鸟。

九、鹬科

小杓（shao）鹬（yu）

中文学名	小杓鹬	目	鸻形目
拉丁学名	*Numenius minutus*	科	鹬科
别　称	小油老罐	属	杓鹬属
界	动物界	命名者及年代	Gould, 1840
门	脊索动物门	英文名称	Little Curlew
纲	鸟纲		

　　小杓鹬属小型涉禽，嘴长而向下弯曲，呈肉红色。前头、头顶和后头黑褐色，眼上粗著的眉纹和中央冠纹淡黄色，头侧和颈黄灰色，散布暗褐色条纹，一条黑纹穿过眼到眼后。上体黑褐色，羽缘有沙黄色缺刻。下背、腰和尾上覆羽黑褐色，有灰白色横斑。飞羽、初级覆羽、小覆羽黑褐色，尾羽灰褐色，有黑褐色横斑。颏和喉白色或沾土黄色。胸部充满沙黄色，多褐色斑纹，腹部及尾下覆羽奶白色，或略沾黄色。胁具黑褐色横斑，翼下覆羽、腋羽黄色，密布黑褐色细斑纹。

　　小杓鹬为国家二级保护鸟类，在洪泽湖地区为旅鸟。

十、杜鹃科

小 鸦 鹃

中文学名	小鸦鹃	目	鹃形目
拉丁学名	*Centropus toulou*	科	杜鹃科
别 称	小毛鸡、小乌鸦雉、小雉喀咕、小黄蜂	属	鸦鹃属
界	动物界	种	小鸦鹃
门	脊索动物门	命名者及年代	Müller, 1776
纲	鸟 纲	英文名称	Lesser Coucal

　　小鸦鹃体略大的呈棕色和黑色，色彩暗淡，色泽显污浊。上背及两翼的栗色较浅且显黑色。亚成鸟具褐色条纹，虹膜红色，嘴黑色，脚黑色。体型较小的尾长，似褐翅，翼下覆羽为红褐色或栗色。头至背冬时有淡色羽干纹。成鸟头、颈、上背及下体黑色，具深蓝色亮辉，有时微具暗棕色横斑或狭形近白色羽端斑点。下背及尾上覆羽淡黑色，后者具蓝色亮辉。肩及其内侧与翅同为栗色，翅端及内侧次级飞羽较暗褐，显露出淡栗色的羽干。

　　小鸦鹃为国家二级保护鸟类，在洪泽湖地区为夏候鸟。

十一、鹭科

白　鹭

中文学名	白　鹭	纲	鸟　纲
拉丁学名	*Egretta garzetta*	目	鹳形目
别　称	小白鹭、白鹭鸶、白翎鸶	科	鹭　科
界	动物界	属	白鹭属
门	脊索动物门	英文名	Little Egret

白鹭为中型涉禽，白鹭属共有13种鸟类，其中大白鹭、中白鹭、白鹭(小白鹭)、黄嘴白鹭和雪鹭体羽皆是全白，通称白鹭。大白鹭体型大，既无羽冠，也无胸饰羽。中白鹭体型中等，无羽冠但有胸饰羽。白鹭和雪鹭体型小，羽冠及胸分布羽全有。

白鹭体型纤瘦，嘴及腿黑色，趾黄色，繁殖羽纯白，颈背具细长饰羽，背及胸具蓑状羽。虹膜黄色，脸部裸露皮肤黄绿，于繁殖期为淡粉色。繁殖时在巢群中发出呱呱叫声，其余时候寂静无声。

在洪泽湖地区，野生白鹭种群极为丰富，也是当地主要鸟类之一。

十二、鸬鹚科

普通鸬（lu）鹚（ci）

中文学名	普通鸬鹚	目	鹈形目
拉丁学名	*Phalacrocorax carbo*	科	鸬鹚科
别　称	鱼鹰、水老鸦	属	鸬鹚属
界	动物界	种	普通鸬鹚
门	脊索动物门	命名者及年代	Brisson, 1760
亚　门	脊椎动物亚门	英文名称	Cormorant
纲	鸟　纲		

　　普通鸬鹚为大型的食鱼游禽，头、颈和羽冠黑色，具紫绿色金属光泽，并杂有白色丝状细羽。上体黑色，两肩、背和翅覆羽铜褐色并具金属光泽，羽缘暗铜蓝色。尾圆形灰黑色，羽干基部灰白色。鸬鹚善于潜水，嘴强而长，锥状，先端具锐钩，适于啄鱼，下喉有小囊。脚后位，趾扁，后趾较长，具全蹼。栖息于海滨、湖沼中，飞时颈和脚均伸直。中国有5个种，常被人驯化用以捕鱼，在喉部系绳，捕到后强行吐出。

　　洪泽湖地区叫水老鸦。鸬鹚是捕鱼能手，洪泽湖地区很早就有人驯养鸬鹚，并用它们捕鱼。

十三、雉科

雉（zhi）鸡

中文学名	雉 鸡	目	鸡形目
拉丁学名	*Phasianus colchicus*	科	雉 科
别 称	野鸡、山鸡、环颈雉	属	雉 属
界	动物界	种	雉 鸡
门	脊索动物门	命名者及年代	Linnaeus,1758
纲	鸟 纲	英文名称	Ring-necked Pheasant

　　雉鸡雌、雄形态差异较大，雄鸟前额和上嘴基部黑色，富有蓝绿色光泽。头顶棕褐色，眉纹白色，眼睑和眼周裸出皮肤绯红色。耳羽丛为蓝黑色，颈部有一黑色横带，且具绿色金属光泽。上背羽毛基部紫褐色，具白色羽干纹，端部羽干纹黑色，两侧为金黄色，背和肩栗红色。下背和腰两侧蓝灰色，中部灰绿色，且具黄黑相间排列的波浪形横斑，尾上覆羽黄绿色，部分末梢沾有土红色。胸部呈带紫的铜红色，亦具金属光泽。两胁淡黄色，近腹部栗红色，羽端具一大形黑斑。腹黑色，尾下腹羽棕栗色。雌鸟较雄鸟为小，羽色亦不如雄鸟艳丽，身体呈棕红色和淡棕色，尾亦较雄鸟为短，呈灰棕褐色。

　　洪泽湖地区俗称野鸡，在洪泽湖地区野生种群丰富，是该地区常见的大型鸟类之一。

十四、秧鸡科

红 骨 顶

中文学名	红骨顶	目	鹤形目
拉丁学名	*Gallinula chloropus*	科	秧鸡科
别　称	黑水鸡	属	黑水鸡属
界	动物界	种	红骨顶
门	脊索动物门	命名者及年代	Linnaeus, 1758
纲	鸟　纲	英文名称	Moorhen

　　红骨顶，也称黑水鸡，是中型游禽，大小像小野鸭，常在开阔水面上游泳。全身羽毛呈黑色，嘴红色，嘴先端为黄色，嘴基连接红色额板。脚为黄绿色，翼暗褐色，体侧有一列白斑，尾下覆羽两侧为白色。雏鸟全身乌黑，额头有鲜明之红点，由亲鸟带领觅食。善游泳，能潜水捕食小鱼，但主要以植物为食，其中以水生植物的嫩芽、叶、根、茎为主，也吃昆虫、蠕虫、软体动物等。

　　在洪泽湖地区，红骨顶种群丰富，是主要水鸟之一，冬候鸟。

十五、鸥科

红嘴鸥

中文学名	红嘴鸥	目	鸥形目
拉丁学名	*Larus ridibundus*	科	鸥科
别称	水鸽子、笑鸥、钓鱼郎	属	鸥属
界	动物界	种	红嘴鸥
门	脊索动物门	命名者及年代	Linnaeus, 1766
纲	鸟纲	英文名称	Black-headed Gull

红嘴鸥体形和毛色都与鸽子相似，俗称"水鸽子"。身体大部分的羽毛是白色，尾羽黑色。夏天头至颈上部咖啡褐色，羽缘微沾黑，眼后缘有一星月形白斑。颊中央白色。颈下部、上背、肩、尾上覆羽和尾白色，下背、腰及翅上覆羽淡灰色。翅前缘、后缘和初级飞羽白色。嘴暗红色，先端黑色。冬天头白色，头顶、后头沾灰，眼前缘及耳区具灰黑色斑。脚鲜红色。主食鱼、虾、昆虫和水生植物。

在洪泽湖地区，红嘴鸥种群丰富，是主要鸟类之一，冬候鸟。

参考文献

中国科学院水生生物研究所，上海自然博物馆，1982. 中国淡水鱼类原色图集[M].上海：上海科学技术出版社.

大连水产学院，1982. 淡水生物学[M].北京：农业出版社.

洪泽湖渔业史编写组，1900. 洪泽湖渔业史[M].南京：江苏科学技术出版社.

中国农田杂草原色图谱编委会，1990. 中国农田杂草原色图谱[M].北京：农业出版社.

孟庆闻，苏锦祥，繆学祖，1995. 鱼类分类学[M].北京：中国农业出版社.

洪泽湖志编纂委员会，2003. 洪泽湖志[M].北京：方志出版社.

倪勇，朱成德，2005. 太湖鱼类志[M].上海：上海科学技术出版社.

倪勇，伍汉霖，2006. 江苏鱼类志[M].北京：中国农业出版社.

唐剑，2007. 洪泽湖南部冬春季鸟类群落研究[D].南京：南京林业大学.

水生植物图鉴编委会，2009. 水生植物图鉴[M].武汉：华中科技大学出版社.

刘洪，2010. 中国水生蔬菜基地成果集锦[M].北京：中国农业出版社.

赵欣如，卓小利，蔡益，2015. 中国鸟类图鉴[M].太原：山西科学技术出版社.

图书在版编目（CIP）数据

洪泽湖水生经济生物图鉴 / 《洪泽湖水生经济生物图鉴》编写组编. —北京：中国农业出版社，2016.10
ISBN 978-7-109-22428-5

Ⅰ．①洪… Ⅱ．①洪… Ⅲ．①洪泽湖–水生生物–概况–图集 Ⅳ．①Q178.42-64

中国版本图书馆CIP数据核字（2016）第290393号

中国农业出版社出版
（北京市朝阳区麦子店街18号楼）
（邮政编码100125）
责任编辑　孟令洋　郭晨茜

北京通州皇家印刷厂印刷　新华书店北京发行所发行
2016年10月第1版　2016年10月北京第1次印刷

开本：700mm×1000mm 1/16　印张：10.25
字数：250千字
定价：120.00元
（凡本版图书出现印刷、装订错误，请向出版社发行部调换）